Raphaela Koller

BARF-Rezepte

Raphaela Koller

BARF-Rezepte

5. Auflage

Oertel+Spörer

Bildnachweis
Titelbild:
Michéle Spatschke (www.dogphotos.de)
Innenteilbilder:
Kevin Antkowiak S. 75
Stephanie Gottbrath / Stephan Schreiter S. 22, 71
Birgit Landwehr S. 7, 23 (2), 24, 33 (u), 35, 51, 52, 53, 55, 59, 60, 65
Dr. Gabriele Lehari S. 28, 61 (o), 74 (o)
Michéle Spatschke S. 10, 34, 70, 73, 77, 78
Ralf Rudzynski S. 19
Alle anderen Fotos von der Autorin.

Haftungsausschluss
Die Hinweise in diesem Buch wurden von der Autorin sorgfältig recherchiert und geprüft. Es können jedoch keinerlei Garantien übernommen werden. Eine Haftung der Autorin, des Verlags und seiner Beauftragten für Personen-, Sach- und Vermögensschäden ist ausgeschlossen. Sämtliche Teile des Werks sind urheberrechtlich geschützt. Jede Verwertung außerhalb der engen Grenzen des Urheberrechtsgesetzes ist ohne die schriftliche Zustimmung des Verlags und der Autorin unzulässig und strafbar. Dies gilt insbesondere für Vervielfältigungen, Übersetzungen, Mikroverfilmungen und die Einspeicherung und Verarbeitung in elektronischen Systemen.

Bibliografische Information der Deutschen Nationalbibliothek
Die Deutsche Nationalbibliothek verzeichnet diese Publikation in der Deutschen Nationalbibliografie; detaillierte bibliografische Daten sind im Internet über http://dnb.d-nb.de abrufbar.

© Oertel+Spörer Verlags-GmbH + Co. KG · 2016
Postfach 16 42 · 72706 Reutlingen
5. Auflage
Alle Rechte vorbehalten
Schrift: Meta 9/11 pt
Lektorat: Dr. Gabriele Lehari
DTP und Repro: raff digital gmbh, Riederich
Druck und Bindung: Oertel+Spörer Druck und Medien-GmbH+Co., Riederich
Printed in Germany
ISBN 978-3-88627 847 3

Inhalt

Vorwort

Es ist eine erfreuliche Beobachtung, dass sich das Bewusstsein für eine gesunde Ernährung im Haustierbereich immer weiter entwickelt und nicht vor den Futternäpfen unserer vierbeinigen Freunde aufhört!

Dieses Buch ist keine weitere „Wie-funktioniert-BARF-Lektüre". In diesem Bereich haben Swanie Simon und Susanne Reinerth mit ihren Büchern unschlagbare und mehr als ausreichend fundierte Werke geschrieben.

Mein Buch ist jenen Lesern gewidmet, die schon Kenntnisse und Erfahrungen in der spannenden Materie des Barfens gesammelt haben und hin und wieder einen kleinen „Ideenkick" benötigen. Mit diesem Buch möchte ich die „Futtersuche" ein wenig erleichtern und die Mahlzeitenplanung des eigenen Rudels in Form kreativer Rezeptideen erweitern.

Mit dieser Rezeptsammlung werden Sie sich also künftig die Frage „Was biete ich meinem Hund heute?" nicht mehr stellen müssen.

In unserer schnelllebigen Zeit ist es enorm wichtig, ein gutes Management und Handling rund um Familie, Haushalt, Beruf und natürlich unserem Hobby „Hund" auszuüben.

Das Barfen in der hier aufgeführten Form steht keineswegs im Widerspruch zu diesem Anspruch, da alle aufgeführten Rezepte schnell, kurzfristig und individuell zubereitet werden können.

Aufgrund dessen möchte ich Ihre Aufmerksamkeit in diesem Buch auch noch auf ein ganz besonderes Thema lenken: die Bedeutung und Zubereitung von Smoothies.

Shawnee ist vom Barfen begeistert.

Mit dieser speziellen Art der Verarbeitung von Obst- und Gemüseeinheiten spart man viel Zeit und kann trotzdem für den Hund jeden Tag aufs Neue eine ausreichende Vitamin- und Nährstoffzufuhr sichern.

Smoothies sind schnell gemacht und lassen für die abwechslungsreiche Zubereitung von Obst- und Gemüserationen viel Spielraum.

Die in diesem Buch vorgestellten Rezeptvorschläge sind BARF-Grundmahlzeiten mit einer Auswahl an Zusätzen von Vitaminen, Nährstoffen, Spurenelementen und Mineralstoffen.

Wichtig ist hierbei, dass gerade diese Zusätze individuell auf jeden einzelnen Hund gesondert abgestimmt und dosiert werden, das heißt in Bezug auf Rasse, Größe und Gewicht, Aktivität, Gesundheit und individueller Verwertung. Es ist durchaus empfehlenswert, sich hierbei Rat von Ernährungsberatern, Tierärzten oder Tierheilpraktikern einzuholen oder Futterpläne erstellen zu lassen.

Gerade, wenn Sie noch keine Erfahrungen mit dem Barfen haben, können Futterpläne sehr hilfreich sein, denn sie erleichtern den Übergang zum erfolgreichen „BARF-Routinier".

Die in den Rezepten verwendeten Futterzusätze und Nahrungsergänzungsmittel sollten den Rezepten nicht immer beigefügt werden, da es sinnvoll ist, eine kurmäßige beziehungsweise saisonale Zufütterung anzuwenden.

Der Grund dafür ist, dass sich der Organismus nicht permanent an das Angebot gewöhnen soll und somit immer wieder selbst auf seinen Autoregulationsmechanismus zurückgreift. Dadurch wird keine Beeinflussung des Immunsystems vorgenommen, sondern lediglich eine Immunmodulation, die dazu geeignet ist, den natürlichen Stoffwechselprozess zu unterstützen.

Alle Rezepte sind von meiner Hündin Sofie sowie von unseren Hundefreunden Shawnee, Shadow und Mirabelle getestet und für extrem schmackhaft befunden worden!

Ich möchte Ihnen für Ihr Interesse an dieser leckeren Lektüre danken und wünsche Ihnen viel Spaß beim Lesen.

Gebarfte Hundesportkollegen unter sich.

Danksagung

Meine Danksagung gilt vor allem meinem Mann Jörg Koller für die Überarbeitung des Manuskriptes.

Tausend Dank gehen an Birgit Landwehr mit ihrer hübschen Australian-Shepherd-Hündin Shawnee. Birgit war stets zur Stelle, wenn ich ihren Rat brauchte, und hat mir sowohl bei den Rezepten, bei den Texten als auch bei den Fotos beigestanden und geholfen!

Auch möchte ich mich bei Stephanie Gottbrath und Stephan Schreiter sowie deren wunderschönen schwarzen Mischlingshündin Lotta bedanken – für die Fotos, für das Zuhören und für die nützlichen Tipps zur Erstellung des Buches.

Ebenso möchte ich mich bei Michéle Spatschke (Dogphotos) bedanken.

Raphaela Koller und Sofie.

Sie hat eine unglaublich friedliche und einfühlsame Art, mit Tieren umzugehen, und lässt sich bei ihrer Arbeit, der Tierfotografie, durch nichts und niemanden aus der Ruhe bringen.

Ihr professionelles und spezielles „Auge" zusammen mit unermüdlichem Ideenreichtum und Fantasie lassen die Fotoshootings immer wieder zu einem Erlebnis der besonderen Art werden.

Last but not least gilt mein Dank meiner lieben Sofie. Ohne sie wäre dieses Buch wohl gar nicht entstanden.

Namasté, liebe Sofie – auf dass wir noch viele Jahre zusammen in die gleiche Richtung schauen und die gleichen Pfade gehen. Denn wir beide können Schmetterlinge lachen hören und wissen nur allzu gut, wie Wolken schmecken!

BARF-Basics

Sofie lässt niemals etwas übrig.

Seinen Hund zu barfen ist nicht halb so aufwendig, wie es in der Öffentlichkeit kundgetan wird. Dieses Vorurteil hält sich jedoch hartnäckig und ich kann als berufstätige Mutter von drei Kindern mit Leib und Seele versichern, dass das definitiv nicht der Fall ist!

Es stimmt, dass es ein wenig mehr Arbeit bereitet, als einen Sack Futter aufzureißen. Allerdings stehen dem wiederum der Spaß beim Einkaufen der Zutaten und die Leidenschaft der Zubereitung der leckeren Gerichte entgegen.

Meine Leidenschaft ist es, Sofies Futter zuzubereiten! Sofies Leidenschaft ist es, ihr Futter zu verspeisen!

Einer der wichtigsten Beweggründe, warum ich mich irgendwann vom industriell hergestellten Hundefutter abgewendet habe, war die Tatsache, dass ich selbst die Verantwortung übernehmen wollte, selbst entscheiden wollte, was im Napf meiner Hündin landet. Selbst das Futter zusammenzustellen, die Zusätze hinzuzufügen, die Vitamin- und Nährstoffzufuhr zu dosieren und zu kontrollieren, gab mir ein gutes Gefühl und Sicherheit.

Dieses Gefühl hält bis heute an und wird jeden Tag aufgefrischt, wenn ich Sofie beobachte, wie sie mit lautem Schmatzen ihren Napf ausleckt, bis er absolut sauber ist! Sofie lässt niemals etwas übrig – falls sie es doch mal tun sollte, dann kann ich mir sicher sein, dass irgendwas mit ihr nicht in Ordnung ist.

Seinen Hund so natürlich wie möglich zu ernähren, ist ein großer Schritt in Richtung gesundes und langes Hundeleben. Hundesenioren können bis ins hohe Alter fit und aktiv bleiben! Man muss ihnen das Alter nicht immer ansehen. Es geht darum, den Hundejahren mehr Leben zu geben und nicht dem Leben mehr Jahre! Ich möchte auf viele Jahre, gerade über die Ernährung, eine stabile Grundlage für ein harmonisches Zusammenleben ebnen, allem voran in Sachen Vitalität und Gesundheit!

Die Rohfütterung stärkt das Immunsystem und den Organismus. Die
Muskulatur verbessert sich, Bänder,
Sehnen und Gelenke werden gekräf-
tigt. Zecken und Darmparasiten kommen bei gesunden, roh gefütterten
Hunden seltener vor. Außerdem fällt
der Hund durch schönes, glänzendes
Fell auf. Zahnstein tritt weniger auf
durch Knochenfütterung. Ein weiterer
positiver Aspekt ist die Vitalität und
Lebensfreude ausgeglichener, zufrie-
dener Hunde.

Es gibt ein paar Grundlagen, die Sie
unbedingt bei der gesunden und natürlichen Rohfütterung beachten sollten. Es ist bei Weitem keine Wissen-
schaft für sich, wie es so oft und gern
propagiert wird!

Natürlich, gesund und ausgewogen
ist das Mittel der Wahl! Roh oder auch
gekocht, frisch und vor allem lecker
soll es sein!

Der Verdauungstrakt von Hund und
Wolf ist in Aufbau und Funktion iden-
tisch. Wölfe und Wildhunde ernähren
sich von selbst gejagten Tieren oder
Aas, aber auch von Wurzeln, Beeren
und hin und wieder Erde oder Baum-
rinde. Diese Ernährung können wir
nachahmen. Die Grundlage dazu lie-

*Vitalität und Gesundheit –
die Grundlage für die Harmonie
zwischen Mensch und Hund.*

fert uns die Natur. Hinzu kommen die Erfahrung und das Wissen aus der Human-
Ernährungslehre.

Die natürliche Ernährung setzt sich aus mehreren Bestandteilen zusammen. Allen
voran das Fleisch, fleischige Knochen, Innereien und Fisch, gefolgt von Gemüse,
Obst, Kräutern und Zusätzen. Das Fleisch sollte möglichst roh gefüttert werden,
weil dann noch alle Enzyme enthalten sind.

Ein- bis zweimal pro Woche gibt es eine fleischlose Mahlzeit mit Kartoffeln, Reis
oder Nudeln als Grundlage. Dem hinzugefügt werden im Wechsel verschiedene Milchprodukte wie zum Beispiel Hüttenkäse, Joghurt, Buttermilch oder auch
Ziegen- und Schafskäse sowie Gemüse-Obst-Rationen in Form eines Smoothies.

Um einer latenten Azidose (Übersäuerung) durch ein Zuviel an Proteinen entgegenzuwirken, kann man auch komplette fleischfreie Tage in der Woche – sogenannte „Basentage" – einbauen.

Zwar sind bei einer gesunden Stoffwechselleistung, insbesondere von Leber, Niere und Darm, physiologisch keine Imbalancen zu erwarten, doch ist die Voraussetzung nur durch eine ausreichende Bewegung des Hundes gegeben, das heißt, die Leber ist dann in der Lage, dank der Harnstoffsynthese stoffwechselbedingte Abbauprodukte über die Gallensäure in den Darm und nicht fettlösliche Bestandteile über die Niere (Glutaminsynthese) auszuscheiden.

Als Grundlage für fleischlose Mahlzeiten dienen hier basenbildende Lebensmittel wie zum Beispiel Kartoffeln, Äpfel, Bananen, Kiwis, Datteln, Zucchini, Pastinaken oder rote Bete.

Es ist jedoch drauf zu achten, dass ein kompletter fleischfreier Tag nicht sofort hinter einen Tag mit Knochenverfütterung gelegt wird, damit mögliche Knochenreste über die darauffolgenden Fleischmahlzeiten mit verdaut werden können.

Die Zutaten

Zunächst einmal werden im Folgenden die Zutaten vorgestellt, die beim Barfen verwendet werden: Fleisch, Innereien, Knochen und Knorpel, Fisch, Öle und Fette, Milchprodukte und Eier sowie Getreide. Außerdem gehören dazu Obst, Gemüse und Kräuter, welche ich fast immer zu einem Smoothie verarbeite und dann verfüttere.

Ausnahmen bestätigen auch hier die Regel. Im Urlaub mache ich mir nur keinen

Hinweis

Fleisch, Obst und Gemüse sowie Fleisch und Ziegenmilchprodukte oder Fleisch und Knochen sind geeignete Mischungen und Hauptbestandteile sowie Grundnahrungsmittel des Barfens.

Stress, weil mir nicht mein gewohntes Küchenequipment zur Verfügung steht. In dieser Zeit verwende ich gern einzelne Obstsorten, welche mit einer Gabel leicht zu zerkneten sind und nur mit etwas Wasser verlängert unter das Futter gemischt werden, wie zum Beispiel Bananen, Himbeeren oder auch Frühkarottenbrei aus dem Gläschen.

In der Regel werden die Zutaten roh verfüttert. Ausnahmen gibt es bei dem Getreide in Form von Nudeln und Reis sowie bei einigen Gemüsearten. Kartoffeln dürfen ebenfalls nicht im rohen Zustand gefüttert werden.

Alle diese Zutaten werden von mir in wenig Flüssigkeit gedünstet, sodass sie fast breiig sind und dadurch besser vom Verdauungssystem des Hundes enzymatisch aufgespalten und verwertet werden können.

Fleisch und Innereien

Muskelfleisch, Mixfleisch, Saumfleisch, Strosse, Tartar und Fett von Rind, Lamm, Pferd, Ziege, Schaf, Strauß, Pute, Ente, Gans, Kaninchen, Hirsch sowie Rentier sind die Hauptenergielieferanten in der BARF-Fütterung und sollten 50 Prozent des Gesamtanteils einer Futterration nicht unterschreiten, sondern eher überschreiten.

Zu den Innereien, welche noch zusätzliche Vitamine liefern, zählen Herz, Blättermagen, Grüner Pansen, Leber (sollte seltener gefüttert werden wegen des hohen Vitamin-A-Gehaltes), Niere und Milz.

Ich füttere höchstens ein bis zweimal in der Woche Innereien, wobei ich Herz, Blättermagen und Pansen großzügiger berechne als Leber, Niere und Milz. Die drei zuletzt genannten Innereien können, wenn sie in zu großen Mengen gefüttert werden, Durchfall verursachen und kommen bei mir grundsätzlich nur zwei- bis dreimal im Monat in den Napf.

Hier eine leckere Auswahl an Fleisch und Knochen: Hähnchenschenkel, große Sandknochenstücke, flache Rippe, Hähnchenherzen und gemischtes Muskelfleisch.

Knochen und Knorpel

Knochen und Knorpel sind wichtige Kalziumquellen, sodass ich auch in diesem Zusammenhang nicht umhinkomme, das Kalzium-Phosphor-Verhältnis anzusprechen. Es ist ein viel diskutiertes Thema. Vor allem im ersten Lebensjahr des Hundes sollte man unbedingt darauf achten, das Kalzium-Phosphor-Verhältnis sehr verantwortungsvoll auszurechnen.

Wenn sich der Hund noch im Wachstum befindet, ist es nach meiner Meinung unabdingbar, dass man sich an genaue Vorgaben hält. Wenn Sie unsicher sind, dann sollten Sie sich professionelle Hilfe holen und die erforderliche Menge genau berechnen lassen. Sowohl eine Über- als auch eine Unterversorgung mit Kalzium im Wachstum können erhebliche Schäden und Erkrankungen des Skeletts nach sich ziehen!

Die Kalziumgabe muss im Wachstum alle drei bis vier Wochen neu berechnet und an das steigende Gewicht angepasst werden. Dazu kommt, dass sich der Grundbedarf an Kalzium und sogar die prozentuale Futtermenge zum Körpergewicht in den verschiedenen Wachstumsphasen grundlegend ändern. Beispielsweise macht etwa ab dem 7. Monat eine Reduzierung der Futtermenge (sinkender Phosphor-Anteil) eine verringerte Kalzium-Gabe erforderlich.

Bei einem erwachsenen Hund ist die Berechnung des Kalzium-Bedarfs sehr viel einfacher zu ermitteln. Ich halte mich an die Vorgaben und Berechnungsgrundlagen von Swanie Simon beziehungsweise Meyer und Zentek. Diese geben einen Kalzium-Bedarf für einen ausgewachsenen Hund zwischen 50 und 90 mg Kalzium pro Kilogramm Körpergewicht an. Bei einem 30 kg schweren Hund sind das durchschnittlich 1500 bis 2700 mg Kalzium pro Tag.

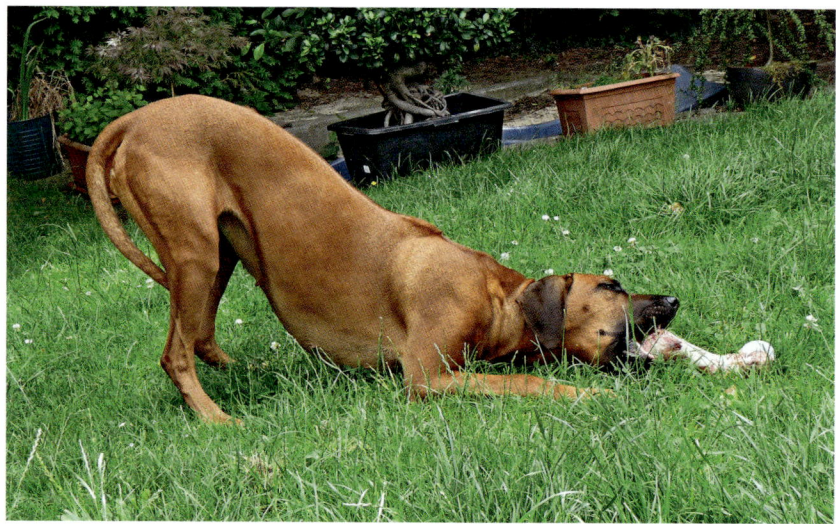

Sofie bei ihrer Lieblingsbeschäftigung.

Ich favorisiere die natürliche Kalziumgabe und gebe meiner Hündin drei- bis viermal in der Woche rohe, fleischige Knochen zu fressen. Außerdem achte ich darauf, dass ich verschiedene Knochenarten anbiete, wie zum Beispiel:

- Ochsenschwanz
- Kalbsoberschenkel
- Putenhälse
- Hühnerhälse und Karkassen
- Kalbsrippchen frisch und/oder getrocknet
- Flache Rippe vom Rind
- Große Sandknochen am Stück

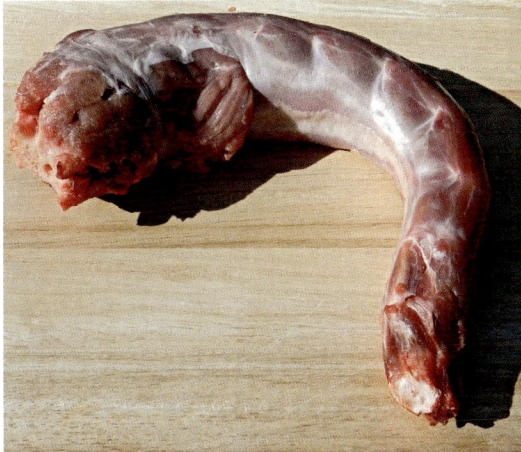

Ein Putenhals steht bei uns regelmäßig auf dem Speiseplan.

100 g der oben aufgeführten Knochen decken bereits den Tagesbedarf eines 30 Kilogramm schweren Hundes.

Sollte durch erhöhte Gabe an kalzium- und phosphorhaltigen Nahrungsmitteln der Kalzium-Phosphor-Spiegel kurzfristig erhöht oder erniedrigt sein, so reguliert der hormonelle Kreislauf der Nebenschilddrüse und der Schilddrüsenzellen (kurz SD-Zellen genannt) das Gleichgewicht.

Es sollte jedoch darauf geachtet werden, dass dieser Regulationsmechanismus nicht dauerhaft überstrapaziert wird, da auch die Niere in ihrer Arbeit als Ausscheidungsorgan verstärkt belastet wird. Ich musste mich übrigens anfänglich sehr überwinden, Knochen an meine Hunde zu füttern. Ich hatte Angst, dass sie sich verschlucken würden, dass die Knochen splittern würden, dass sie die Knochenfresserei nicht vertragen würden und, und, und ...

Mit der Zeit habe ich mich an immer mehr Knochenarten herangetastet und die Ängste waren völlig unberechtigt. Ich füttere jedoch ausschließlich die oben aufgeführten Knochenarten und habe damit sehr gute Erfahrung gemacht.

Hinweis

Das Parathormon und das Protein Calcitonin regulieren das Kalziumverhältnis im Blut. Parathormon wird in der Nebenschilddrüse produziert und sorgt bei Kalziummangel im Blut für ein erhöhtes Lösen von Kalzium aus den Knochen. Calcitonin ist der Antagonist und wird in der Schilddrüse produziert. Es sorgt für die Einlagerung von Kalzium in den Knochen.

Ausführlicher gehe ich auf dieses Thema im Kapitel „Zahnpflege durch Knochen-fütterung" ein.

Fisch

Fisch ist ein besonderes Schmankerl für Hunde und bekannterweise reich an mehrfach ungesättigten Omega-3-Fettsäuren. Allerdings füttere ich Fisch auf-grund der Schadstoff- und Schwermetallbelastung eher selten.
Einmal im Monat gibt es Lachs oder Thunfisch – frisch oder auch aus der Dose (gut abgewaschen wegen des Salzgehaltes) – zusammen mit Hüttenkäse und einem rohen Ei.

Öle und Fette

Ein weiterer Bestandteil der natürlichen und gesunden Rohfütterung müssen immer Öle sein. Sie beinhalten neben den gesättigten auch einfach und mehr-fach ungesättigte Fettsäuren, die der Hund nicht selbst bilden kann. Deswegen ist es sehr wichtig, dass der Hund diese wichtigen Fettsäuren über das Futter aufnimmt.
Mehrfach ungesättigte Fettsäuren werden aufgeteilt in Omega-3- und Ome-ga-6-Fettsäuren. Über das Fleisch in der Rohernährung bekommt der Hund einen überwiegenden Anteil der überlebenswichtigen Omega-6-Fettsäuren, sodass Omega-3-Fettsäuren ergänzt werden müssen, da beide Fettsäuren in einem ausgewogenen Verhältnis zueinander stehen sollten.
Erforderlich ist die Zufütterung von mehrfach ungesättigten Omega-3-Fettsäuren erst geworden, weil das Fleisch von Masttieren einen erheblichen Mangel an diesen Fettsäuren aufweist.
Vitamin-E-haltige Öle runden das Angebot ab, da sie einen Schutz vor Oxidation gegenüber den empfindlichen Omega-3-Ölen bieten. Distel- und Weizenkeimöl bieten sich hier als Ergänzung an.
Bevorzugte Lieferanten von Omega-3-Fettsäuren sind Lachs- und Dorschöl sowie der Lebertran. Es gibt aber auch ausgezeichnete pflanzliche Omega-3-Fettsäure-Lieferanten wie Walnussöl, Hanföl oder Leinöl. Es ist jedoch zu erwähnen, dass tierische Öle einen wesentlich höheren Anteil an Omega-3-Fettsäuren besitzen als pflanzliche Öle.
Auch ist eine abwechslungsreiche Gabe verschiedener Öle empfehlenswert, um Mangelerscheinungen vorzubeugen. Achten Sie beim Kauf der Öle immer auf die Kaltpressung – nur in diesen kalt gepressten Ölen ist gewährleistet, dass größere Mengen an mehrfach ungesättigten Fettsäuren enthalten sind. Da die-se jedoch nur etwa vier bis sechs Wochen nach Anbruch haltbar sind, ist die Aufbewahrung im Kühlschrank und in dunklen Flaschen notwendig. Somit wird dem Verfall und dem Oxidationsprozess des kostbaren „Lebenselixiers" vorgebeugt.
Auch bei der Berechnung des Öls halte ich mich an die Vorgaben von Meyer/Zentek, welche angeben, dass beim Einsatz von pflanzlichen Ölen zur Sicherung der Versorgung mit essenziellen Fettsäuren mindestens 0,3 g pro Kilogramm Körpergewicht angesetzt werden müssen.

■ Für einen 20 kg schweren Hund ist das ein Bedarf von etwa 6 g Öl pro Tag.
■ Für einen 30 kg schweren Hund ist das ein Bedarf von etwa 9 g Öl pro Tag.

■ 1 TL entsprechen etwa 3 g.
■ 1 EL entsprechen etwa 10 g.

Es gibt eine Vielzahl an Ölen, die beim Barfen zum Einsatz kommen können, wie zum Beispiel Weizenkeimöl, Maiskeimöl, Kokosöl, Olivenöl, Borretschöl, Nachtkerzenöl, Leinöl, Distelöl, Hanföl, Knoblauchöl, Dorschöl und Lachsöl.

Milchprodukte und Eier

Milchprodukte werden in der Rohfütterung vor allem als Fett- und Eiweißlieferanten verwendet. Hier bieten sich besonders Hüttenkäse und Joghurt an. Auch Milchprodukte vom Schaf und von der Ziege werden sehr gern gefressen. Ich nutze sie sehr in der natürlichen und gesunden Frischfütterung.

Als Grundlage für die fleischlose Mahlzeit nehme ich zum Beispiel Buttermilch, Hüttenkäse oder auch Ziegenfrischkäse. Als wertvolle Lieferanten der Vitamine A und D stehen regelmäßig Joghurt und Dickmilch sowie zweimal wöchentlich ein rohes oder auch gekochtes Ei auf dem Speiseplan. Die Anfütterung sollte jedoch zunächst in kleinen Mengen erfolgen und kann dann nach und nach gesteigert werden.

Nahrungsergänzungsmittel

Die gesunde und natürliche Fütterung beinhaltet alle lebensnotwendigen Nährstoffe. Eine Zufütterung von zusätzlichen Nährstoffen ist normalerweise nicht erforderlich. Es gibt allerdings Situationen und Lebensumstände wie zum Beispiel Stress, Hochleistungssport, Krankheit, Trächtigkeit und so weiter, die eine individuelle bedarfs- oder auch saisonorientierte Nahrungsergänzung rechtfertigen.

In den Wintermonaten ist es ratsam, die Abwehrkräfte des Hundes zu stärken. Zur Unterstützung des Immunsystems füttere ich in der kalten Jahreszeit zum Beispiel Hagebuttenpulver im Wechsel mit Propolis.

Der Harzer Käse

Der Harzer Käse gehört zum Sauermilchkäse und wird aus Kuhmilch hergestellt. Der Rohstoff des Harzer Käses ist Sauermilchquark. Bei der Herstellung wird er mit wertvollen Kulturen veredelt. Durch diese nützlichen Inhaltsstoffe kann sich die Fütterung von Harzer Käse positiv auf die Darmflora des Hundes auswirken.

Sinnvolle Nahrungsergänzungsmittel.

Hagebutten

Hagebutten besitzen einen hohen Anteil an Vitamin C und dienen zur Anregung verschiedener Stoffwechselprozesse. Sie können frisch oder auch in Pulverform gefüttert werden.

Propolis

Propolis ist eine von Bienen hergestellte Masse, die aus Harz (Baumknospen) von Bäumen gesammelt wird. Propolis wird eine antibiotische, antivirale und antimykotische Wirkungsweise zugesprochen. Außerdem unterstützt es ebenfalls intensiv die Immunabwehr und macht es somit zu einem kostbaren Zusatzfuttermittel in der BARF-Ernährung.

Bierhefe

Bierhefe wirkt sich positiv aufs Haarkleid aus. Es ist sinnvoll, in Zeiten des Fellwechsels mit einer Bierhefe-Kur anzufangen. Die Bierhefe ist ein Abfallprodukt, das bei der Herstellung von Bier entsteht. Sie enthält eine Vielzahl von Aminosäuren, Spurenelementen und ist zudem sehr mineral- und vitaminhaltig. Zu nennen ist hier vor allem das Vitamin B. Bierhefe lässt den Hund schneller durch den Fellwechsel kommen und verleiht dem Fell Glanz und Geschmeidigkeit.

Spirulina und *Chlorella*

Eins ist sicher, kein Tag vergeht, an dem wir uns nicht mit schädlichen Umwelt-toxinen auseinandersetzen müssen, die in Nahrungsmitteln, Wasser, Luft, Medi-kamenten und so weiter vorhanden sind.

Aber gerade im Frühjahr, wenn die Landwirte beginnen, ihre Felder und Wiesen zu spritzen, ist die Belastung für unsere Vierbeiner besonders hoch. Schaumkro-nen auf den Feldern lassen dies nur unschwer erkennen.

Alles kommt zum Einsatz: Pestizide, Fungizide, Herbizide. Von März bis Okto-ber findet ein fliegender Wechsel in Sachen Unkrautvernichtung, Düngung und Schädlingsbekämpfung statt. Es ist mehr als bedauerlich, dass es keine Pflicht ist, diese Sprüheinsätze zum Beispiel mit einem Warn- oder Hinweisschild zu kennzeichnen.

Krank machende Umwelteinflüsse, die den Organismus und unseren Stoffwechsel beeinträchtigen, gibt es genügend. Doch hier werden hochgiftige Substanzen versprüht, die Mensch und Tier nachweislich schädigen.

Ich finde den widerlichen Geruch abstoßend, der die Luft verpestet, wenn man an einem frisch gespritzten Feld vorbeigehen muss, welches gerade bearbeitet wird. Dabei meine ich ausdrücklich nicht den Geruch von einem mit Gülle behandelten Feld, sondern es sind die chemischen Mittel, die einem buchstäblich den Atem rauben, und ich halte es für bedenklich, dass die Menschen so sorglos damit umgehen und es als gegeben hinneh-men, als gäbe es keine Alternativen.

Nichtsdestotrotz bin ich mir bewusst darüber, keine Änderung herbeiführen zu können, außer auf diesen Miss-stand aufmerksam zu machen.

Es bleibt nur die Möglichkeit, Wiesen und Felder in der Zeit von März bis Oktober weitestgehend zu meiden und ausgedehnte Spaziergänge in Waldgebiete zu verlegen und Ört-lichkeiten aufzusuchen, die weniger „akut" umweltbelastet sind.

Es gibt natürlich noch viele ande-re Umwelteinflüsse, die sowohl das Immunsystem als auch die gesamte Konstitution des Hundes belasten. Gerade im Bindegewebe oder auch in den Knochen reichern sich die Giftstoffe über die Lebensjahre hin-weg an. Sie verursachen schlimme Krankheiten, lösen rätselhafte Aller-gien oder Autoimmunerkrankungen aus oder im schlimmsten Fall lassen

Durch regelmäßige Entschlackung ist Candy mit ihren stolzen 13 Jahren immer noch fit und gesund.

sie sogar Krebs entstehen. Meistens zeigen sich erst nach vielen Jahren die Symptome. Ich versuche mit der natürlichen und gesunden Ernährung diesen aggressiven und schädlichen Umwelteinflüssen entgegenzuwirken und zusätzlich einmal jährlich eine Entgiftung und Ausleitung zur Unterstützung des Stoffwechsels und Immunsystems durchzuführen.

Hierbei leistet die Grünalge *Chlorella pyrenoidosa* und das Cyanobakterium der Gattung *Spirulina* (früher wurden die Cyanobakterien als Blaualgen bezeichnet, sie zählen aber zu den Mikroorganismen) gute Dienste. Sie sind Powerpakete, weil sie vollgestopft sind mit biologisch hochwertigen Nährstoffen. Es ist nachgewiesen, dass sie viele nützliche Stoffwechselvorgänge im Körper begünstigen und das Immunsystem positiv beeinflussen. Dazu kommen die chelatbildenden Eigenschaften, die dafür sorgen, im Körper befindliche Gifte und Schwermetalle zu binden und auszuleiten.

Die Grünalgen der Gattung *Chlorella* sind einzellig und gedeihen ausschließlich im Süßwasser. *Spirulina* verträgt dagegen sowohl Süßwasser als auch Salzwasser. Chlorella ist übrigens sehr leicht zu kultivieren, was eine sehr gute Eigenschaft darstellt, um solche Pflanzen als Grundlage für Nahrungsergänzungsmittel zu nutzen.

Die einzellige Grünalge *Chlorella* besitzt eine ungemein hohe Menge an Chlorophyll in ihren kugeligen Zellen. Sie nutzt die Fotosynthese zur Energiegewinnung auf Basis des Chlorophylls, was ihre kräftig grüne Farbe erklärt.

Die Nährstoffe in der Alge liefern einen Beitrag zur Gesunderhaltung. Neben Fetten, Kohlenhydraten und Ballaststoffen ist besonders der hohe Anteil an pflanzlichem Eiweiß (Proteine), der fast 60 Prozent beträgt, hervorzuheben.

Des Weiteren besitzt *Chlorella* sieben von acht essenziellen Fettsäuren, welche für die gesunde und natürliche Fütterung des Hundes sehr wichtig sind. Auch ein breitgefächertes Vitaminsortiment hat *Chlorella* zu bieten: Vitamin A, B1, B2, B6, B12, C, E, Biotin, Pantothensäure, Inositol, Folsäure und Niacin sind hier zu nennen. Dazu kommen noch Mineralien wie Magnesium, Zink, Jod, Phosphor, Eisen und Kalzium sowie Spurenelemente und kostbare Omega-3- und Omega-6-Fettsäuren.

Aber auch *Spirulina* braucht sich nicht hinter der Grünalge zu verstecken. Ähnlich wie *Chlorella* besitzt auch sie eine hohe Bioverfügbarkeit. Im Gegensatz zu *Chlorella* hat sie aber weniger Chlorophyll, dafür einen höheren Proteingehalt (70 Prozent). *Spirulina* besitzt alle acht essenziellen Aminosäuren.

Gerade diese essenziellen Aminosäuren sind von großer Wichtigkeit und unerlässlich für die Gesundheit von Mensch und Tier. Sie regulieren, stimulieren und unterstützen den Organismus bei allen Stoffwechselvorgängen, das heißt auch bei der Bildung von Hormonen und Enzymen. Hinzu kommen noch etliche nicht essenzielle Aminosäuren, Mineralien (Kalium, Mangan, Selen, Eisen und viele mehr) und Enzyme, die in diesen winzigen Einzellern enthalten sind. Reichhaltig bestückt ist *Spirulina* auch mit den Vitaminen B1, B2, B3, B5, B6, B9 und B12. Kohlenhydrate in Form von Zucker und Stärke sind dagegen nur in Spuren enthalten.

Gerade auch in Zeiten der Regeneration und der Rekonvaleszenz hat sich die Gabe von *Spirulina* und *Chlorella* bewährt, weil sich unter Zufütterung dieser geballten Nährstoffsammlung die Heil- und Genesungszeit verkürzt und der Gesundheitszustand schnell verbessert.

Alle die genannten Inhaltsstoffe und Substanzen dieser beiden Algenarten sind immens wichtig für eine gesunde, ausgeglichene und gehaltvolle Hundeernährung. Sie unterstützen den Organismus und die gesamten Stoffwechselvorgänge derart, dass sie einen festen Platz in der BARF-Ernährung einnehmen sollten!

Zur Entschlackung und zur Entgiftung gebe ich die beiden Algen täglich in Pulverform für sechs bis acht Wochen. Auf eine genügende Wasserzufuhr ist während dieser Zeit dringend zu achten, weil die Algen die Eigenschaften haben, Giftstoffe und Schwermetalle zu lösen und an sich zu binden. Diese müssen natürlich auch über die Niere ausgeschieden werden. Deshalb ist es sehr wichtig, dem Hund ausreichend Wasser anzubieten. Sollte der Hund nicht genug trinken, rate ich dazu, das Wasser mit über die Futterportion zu geben.

Tipp

Sollte ihr Hund auffällig starken Mundgeruch haben oder die Haut beziehungsweise das Fell unangenehm riechen, so ist dies ein deutliches Zeichen unzureichender und unvollständiger Entgiftung über Leber, Niere und Darm. Hier werden saure Valenzen über die Lunge abgeatmet oder der Hund versucht, toxische Stoffwechselprodukte über die Haut auszuscheiden.

Mit Algen haben Sie die Möglichkeit, Ihren Hund bei seinen Bemühungen, sich von Toxinen zu befreien, zu unterstützen.

Getreide

Getreide kann man in der gesunden und natürlichen Hundefütterung einsetzen, ist aber nicht zwingend notwendig. Hier kommt es darauf an, ob der Hund das Getreide gut verträgt.

Verträgt der Hund es gut, dann sollten Fleisch und Getreide wegen der unterschiedlichen Verdauungszeit getrennt voneinander gegeben werden. Füttern Sie diese Futtermittel zusammen, so kann es vorkommen, dass die beiden Futtermittel sich gegenseitig stören und behindern. Die Verweildauer des Fleisches im Magen und im Verdauungstrakt verlängert sich künstlich und somit sind der Vermehrung von Bakterien und Parasiten Tür und Tor geöffnet. Es kann zu Verdauungsstörungen kommen, die unter anderem unangenehme Fehlgärungen und Eiweißfäulnis verursachen können. Diese Blähungen können sowohl für den Hund als auch zweifelsohne für den Menschen verdrießliche Auswirkungen haben, wobei Blähungen das nur geringere Übel wären. Ratsam ist es, die Getreideflocken vor dem Verfüttern einzuweichen, um die Verdauung zu erleichtern. Es sollten hochwertige Getreidearten gefüttert werden wie zum

21

Hochwertige Getreidearten können auch verfüttert werden.

Beispiel Amarant, Quinoa, Hirse, Buchweizen oder auch Maisflocken. Diese sind zudem glutenfrei. Vollkornmüsli aus gekeimtem Getreide ist ebenfalls möglich, weil die schwer verdaulichen Bestandteile des vollen Korns hier bereits aufgeschlossen sind. Auch zählt dieses Getreide zu den basischen Nahrungsmitteln und übersäuert das Gewebe nicht. Allerdings muss man beachten, das Getreide phosphorhaltig ist und eine Kalziumzugabe notwendig macht.

Smoothies – die hundgerechte Obst- und Gemüseration

Ich bereite die Gemüse- und Obstportionen grundsätzlich in Form von Smoothies zu. Diese Zubereitung gewährleistet mir eine effiziente und gehaltvolle Zufuhr von Nährstoffen ohne Erhitzung. Somit bleiben alle Enzyme voll erhalten.
Ausnahmen mache ich manchmal, wie bereits erwähnt, wenn wir unterwegs sind. Hier verwende ich meistens Bananen und Himbeeren. Gerade im Urlaub nutze ich diese beiden Obstsorten pur, um ausgewähltes Nassfutter aus der Dose aufzuwerten, und knete es einfach mit unter das Futter. Ich bevorzuge hierbei überreife Früchte, um eine noch größere Verdaulichkeit zu ermöglichen. Smoothies können in allen erdenklichen Variationen zubereitet werden.
Sie gewährleisten eine vielfältige Aufnahme an sekundären Pflanzenstoffen, Vitaminen, Mineralien, Enzymen, Proteinen, Aminosäuren, Antioxidantien und Spurenelementen und das mit einer extrem hohen Bioverfügbarkeit.
Die im Obst und Gemüse enthaltenen Nährstoffe werden am besten im Darm resorbiert, wenn die Zellwände bereits vorher aufgebrochen werden – vorausgesetzt, die Darmflora befindet sich im physiologischen Bereich und enthält Lakto-

bazillen, *Escherichia coli*, Bifidobazillen und so weiter.

Da der Hund ein „Schlinger" ist und meistens wenig kaut, beginne ich mit dem Aufbruch der Zellwände bereits im Mixer. Die im Blattgrün enthaltene Zellulose ist sehr widerstandsfähig und benötigt eine mechanische Unterstützung, um vom Hund verdaut werden zu können.

Der Verdauungstrakt des Hundes beginnt mit dem chemischen Aufbruch der Zellwände über die Magensäure, welche salzsäurehaltiger ist als die des Menschen.
Wichtig ist bei der täglichen Smoothieverfütterung, dass man die Gemüsesorten häufiger wechselt. Die im Gemüse enthaltenen Alkaloide (sekundäre Pflanzenstoffe) sind organische Stickstoffverbindungen, welche basische Eigenschaften haben.
Wenn dem Hund über viele Wochen nur ein und dieselbe Gemüseart angeboten wird, sammeln sich die Alkaloide im Körper an und es würden Vergiftungserscheinungen auftreten.

Für Smoothies geeignete Gemüse- und Obstarten.

Genau diese Alkaloide verhindern in freier Natur, dass pflanzenfressende Tiere immer nur ein und dieselbe Pflanze aufnehmen. Instinktiv wechseln sie die Pflanzenarten und bringen so Abwechslung in ihren Speiseplan.
Je abwechslungsreicher die Gabe von Obst- und Gemüse ist, umso größer ist das Nährstoffspektrum, das man dem Hund zur Verfügung stellen kann. Jahreszeitlich angepasst gibt es eine Vielzahl von Möglichkeiten.

Sollte der Hund Obst und Gemüse nicht so gern mögen, rate ich dazu, den Smoothie in kleinsten Mengen (1 bis 2 Teelöffel) unters Futter zu mischen. Nach und nach sollte man die Menge erhöhen. Ich kenne einige Hunde, die die Smoothies anfänglich völlig verpönten und nach einer Gewöhnungsphase nunmehr die Smoothies sogar pur fressen.

Die Zutatenliste für Smoothies

Die Zutatenliste für Smoothies ist sehr vielfältig. Der Fantasie sind hier – fast – keine Grenzen gesetzt. Hier eine Auswahl der von mir verwendeten Obst- und Gemüsesorten:

Gemüse
- Roh: Kopfsalat, Eisbergsalat, Feldsalat, Rucola, Rote Bete, Mais, Mangold, Kohlrabiblätter, Spinat, Gurken, Chinakohl, Postelein, Weizengras, Ingwer, Chicoree, Sellerie, Wirsing, Fenchel, Borretsch, Zucchini, Sprossen, Knoblauch (höchstens ein bis zwei Knoblauchzehen wöchentlich).
- Gekocht oder gedämpft: Kohlrabi, Brokkoli, Bohnen, Erbsen, Kartoffeln, auch Süßkartoffeln.
- Getrocknete Rübenmixflocken (werden über Nacht eingeweicht).
- Besonderheit: Möhren und Pastinaken verfüttere ich gern aus Babygläschen, das spart Zeit und der Möhrenbrei ist genau in der Konsistenz, wie er vom Hund bestmöglich verwertet wird.

Obst
- Äpfel, Bananen, Kiwis, Pfirsiche, Brombeeren, Himbeeren, Walderdbeeren, Maracuja, Birnen, Orangen, Mandarinen, Zitronen, Mango, Erdbeeren, Heidelbeeren, Kirschen, Grapefruit, Pflaumen, frische Feigen.
- Getrocknete Datteln und Feigen (immer eingeweicht verfüttern).

Shadow hat seinen eigenen Kräutergarten.

Kräuter

Kräuter sollten nicht täglich gegeben werden, sondern zwei- bis dreimal im Jahr kurmäßig über drei bis vier Wochen, da sie eine therapeutische Wirkung besitzen.
Die folgenden Kräuter können frisch oder getrocknet, gefüttert werden:
- Alfalfa, Brennnessel, Klebkraut, Löwenzahn, Acker-Schachtelhalm, Rotkleeblüten, Pfefferminze, Dillspitzen, Rosmarin, Salbei, Basilikum, Petersilie, Himbeerblätter, Kresse, Malven, Vogelmiere.
- Kelp gehört zwar nicht zu den Kräutern, sollte aber in diesem Zusammenhang trotzdem erwähnt werden. Es handelt sich hierbei um eine Braunalge, die auch Fingertang genannt wird. Sie wird in getrockneter Form angeboten und ist auch häufig in Kräutermischungen enthalten.

Es gibt auch tiefgefrorene Kräutermischungen, die aufgetaut der BARF-Mahlzeit hinzugegeben werden können.

Weizengras

Ich halte Weizengras für eine ganz ausgezeichnete Vital- und Energiequelle in der natürlichen und gesunden Hundeernährung. Was Weizengras so interessant macht, ist unter anderem die Tatsache, dass es sich ohne viel Aufwand selbst anpflanzen lässt.
Weizengras ist angereichert mit Enzymen, den Vitaminen C, E und B1, Mineralstoffen wie Magnesium, Eisen und Kalzium, Spurenelementen wie Zink und Selen und es enthält eine große Menge an Chlorophyll. Es hat einen hohen Proteingehalt und besitzt eine Menge Antioxidantien.
All diese Bestandteile machen das Weizengras zu einem hervorragenden Futtermittel, welches in der BARF-Ernährung nicht fehlen sollte.

Weizengras selbst ziehen

Wer das Weizengras selbst ziehen möchte, braucht dafür nährstoffreiche Erde, einen Blumentopf, Folie und mindestens eine Handvoll Weizenkörner. Die Erde wird einfach in den Blumentop gefüllt, die Weizensaat darüber gestreut und gut angefeuchtet. Der Blumentopf sollte nun mit einer Folie abgedeckt werden. Diese kann mit Löchern versehen werden, damit eine gute Durchlüftung stattfinden kann und kein Schimmel entsteht.
Nun wird der Topf in einen dunklen, aber gut belüfteten Raum gestellt. Nach zwei bis drei Tagen sollten sich Keimlinge entwickeln.
Die gekeimten Weizengrasprösslinge werden nun ohne die Folie an einen hellen Fensterplatz gestellt. Jetzt braucht man die zarten Halme nur noch zu gießen und wachsen zu lassen. Wenn sie eine Höhe von 10 bis 15 cm erreicht haben, schneidet man sie einfach mit einer Schere ab und fügt sie den Zutaten eines Smoothies bei.

Weizengras wächst nach der Aussaat innerhalb weniger Tage.

Außerdem ist das Weizengras glutenfrei und besitzt eine alkalisierende Wirkung, was einer Übersäuerung auf zellulärer Ebene entgegengewirkt. Die Enzyme wirken entzündungshemmend und stoffwechselregulierend.

Gerade im naturheilkundlichen Bereich kommt der gesunde, grüne Saft des Weizengrases schon seit vielen Jahren zum Einsatz und man hat dort viele gute Erfahrungen sammeln können. Es verbessert und unterstützt das Immunsystem, ist förderlich für die Verdauung und hilft bei der Entschlackung des Körpers. Weiterhin verbessert es die Sauerstoffaufnahme der Zellen.

Achtung!

Avocados, Artischocken und Auberginen enthalten das für Hunde giftige Solanin und sollten deswegen **nicht** an den Hund verfüttert werden. Einige Avocadosorten beinhalten sogar toxische Substanzen! Ich nehme sie vorsichtshalber komplett raus aus der gesunden Hundeernährung.

Bohnen und Erbsen sollten niemals roh verfüttert werden! Roh können sie Magenkrämpfe und Blähungen verursachen. Sie dürfen dem Hund nur im gekochten Zustand angeboten werden.

Kartoffeln gebe ich grundsätzlich nur gekocht der Hundemahlzeit hinzu. Allerdings bestätigen Ausnahmen die Regel! In kleinen Mengen dürfen sie auch mal im rohen Zustand verfüttert werden. Sie sollten aber darauf achten, dass die Kartoffeln keine grünen Stellen haben. Grüne Stellen bedeuten, dass sich bereits Solanin gebildet hat!

Zwiebeln sind in kleinen Mengen erlaubt. Sie haben den Vorteil, dass sie sowohl antibakterielle, antimykotische als auch antivirale Inhaltsstoffe besitzen.

Gut zu wissen!

Tomaten dürfen im überreifen Zustand ebenfalls in kleinen Mengen gegeben werden. Ich gebe hin und wieder Tomatenmark mit ins Futter. Es hat eine höhere Bioverfügbarkeit als rohe Tomaten. Es enthält unter anderem das Pigment Lykopin, welches antioxidative Wirkung hat und somit freie Radikale neutralisiert.

Die Berechnung der Futtermenge

Als Richtwert zur Berechnung der Gesamtfutterration eines ausgewachsenen Hundes lege ich 2 bis 3 Prozent des Körpergewichts am Tag zugrunde. Das bedeutet: Pro Kilogramm Körpergewicht erhält Ihr Hund 20 bis 30 Gramm Nahrungsmittel – hiervon etwa 25 Prozent Obst- und Gemüseanteil und 75 Prozent Fleisch oder fleischige Knochen.

Allerdings ist dies nur ein Richtwert. Ganz wichtig ist es, die Faktoren Alter, Geschlecht, Aktivität und Gesundheit mit zu berücksichtigen.

Gerade bei einer kurzhaarigen Rasse ist es einfach zu beurteilen, ob der Hund gerade gut oder weniger gut im Futter steht. Ein gezielter Blick auf die Brust- und Bauchlinie des Hundes gibt schnell Klarheit über den derzeitigen Futterzustand. Die Bauchlinie sollte deutlich oberhalb der Brustkorblinie liegen. Sind Bauchlinie und Brustkorb auf einer Linie, ist der Hund zu dick. Die Rippen sollten im Ansatz zu erkennen sein. Zu dünn ist er, wenn er zu sehr „aufgezogen" wirkt im Bezug auf die Bauchlinie oder wenn man gar zu deutlich die Hüfthöckerknochen sehen kann (ausgenommen sind hier Windhundrassen).

Gehört der Hund einer langhaarigen Rasse an, muss man ihn zwischendurch abtasten. Die Wölbung von Bauch- und Brustlinie sollte klar zu fühlen sein. Auch die Rippen sollte man ertasten können.

Brustkorblinie　　Die Bauchlinie sollte deutlich
　　　　　　　　oberhalb der Brustkorblinie liegen!

Ein gezielter Blick gibt schnell Auskunft darüber, ob der Hund zu dick oder zu dünn ist.

Fütterungstipps und Einkaufsliste

Die in diesem Buch vorgestellten Rezepte sind für alle Hunderassen und alle Hundegrößen geeignet. Egal, ob groß oder klein, hier ist für jedes Schleckermaul etwas dabei.

Die Mengenangaben in den aufgeführten Rezepten habe ich – zur Erleichterung der individuellen Berechnung ihrer Futtermenge – immer einer bestimmten Gewichtsklasse zugeteilt. Somit gibt es Rezepte für Hunde mit 10 kg, 20 kg, 30 kg und 40 kg Körpergewicht. Das bedeutet natürlich nicht, dass die jeweiligen Rezepte nur für Hunde dieser Gewichtsklasse geeignet sind. Sie können anhand der Angaben die Zutatenmengen für Ihren Hund individuell berechnen:

Pro Kilogramm Körpergewicht sollten Sie etwa 20 bis 30 Gramm Futter rechnen. Nichtsdestotrotz möchte ich noch mal betonen, dass die angegebenen Mengenangaben nur Richtlinien darstellen. Den tatsächlich angemessenen Nahrungsbedarf Ihres Hundes kennen Sie viel besser als jeder andere. Nur Sie wissen, welche persönlichen Bedürfnisse Ihr Hund hat, sodass Sie bei der Zusammenstellung des Futters für Ihren Hund die Richtlinien und auf jeden Fall die individuellen Eigenschaften Ihres Hundes bezüglich

- Aktivität
- Lebensalter
- Futterverwertbarkeit
- Gesundheitszustand
- Temperament

in Betracht ziehen müssen.

Nach einer Mahlzeit ist eine Ruhepause wichtig.

Ob Sie Ihren Hund einmal, zweimal oder dreimal täglich füttern, bleibt Ihnen selbst überlassen. Ich füttere meinen Hund zweimal täglich und achte immer darauf, dass nach den Mahlzeiten eine Ruhepause eingelegt wird und erst anschließend noch genügend Zeit für Bewegung ist! Nur so ist gewährleistet, dass die Verdauung durch die Bewegung noch einmal vor der Nacht angeregt wird.

Gerade große Hunde neigen zu Magendrehungen. Diese Magendrehung kommt unter anderem dadurch zustande, dass bei der Verdauung Fehlgärungen und Gase entstehen, die den Magen aufblähen und so die Gefahr einer Drehung besteht. Dann besteht akute Lebensgefahr! Der Hund muss sofort und schnellstmöglich

Wichtig!

Es ist darauf zu achten, dass das Fleisch nicht in der geschlossenen Plastikverpackung auftaut! Die Gefahr, dass sich unter Luftabschluss gefährliche Bakterien bilden können, ist zu groß!

in tierärztliche Behandlung, besser noch in eine Tierklinik gebracht werden. Hat der Hund nach dem Fressen eine angemessene Ruhephase und anschließend die Möglichkeit sich zu bewegen, ist die Gefahr einer Magendrehung gering, da die entstehenden Verdauungsgase durch Bewegung abgeführt werden können.

Frisches Wasser sollte selbstverständlich immer zur Verfügung stehen, wobei manche gebarften Hunde deutlich weniger Wasser zu sich nehmen als Hunde, die mit industriell hergestelltem Fertigfutter ernährt werden, weil der natürliche Wasseranteil im frischen Fleisch, Obst und Gemüse deutlich höher ist.

Ich kaufe das Fleisch für die BARF-Fütterung frisch oder auf Vorrat – dann im gefrorenen Zustand – ein.

Ich habe mein „Jagdgebiet" in Herne in dem Geschäft „Wolfsmenue" erschlossen. Dort gibt es eine große Auswahl an verschiedenen Fleischsorten. Sozusagen alles, was das Barferherz begehrt! Mit den Inhaberinnen dieses Geschäftes, Alexandra Künzel und Britta Jennewein-Cocco, habe ich zudem kompetente Ansprechpartnerinnen rund um die BARF-Ernährung.

Die eingeschweißten und gefrorenen Fleischpakete kann ich dort in verschiedenen Kilogrammpackungen kaufen, um diese dann direkt nach dem Einkauf bei mir im Gefrierschrank aufzubewahren.

Zur Vorbereitung der Mahlzeiten am nächsten Tag nehme ich entsprechende Rationen am Vorabend aus dem Gefrierschrank. Unter heißem Wasser taue ich die Fleischpackungen kurz an, sodass ich sie aus der Verpackung in eine Glasschüssel legen kann.

Am späten Abend gebe ich dann den Smoothie hinzu, sodass Sofies morgendliche Mahlzeit die richtige Verfütterungstemperatur hat.

Verwendete Zutaten für die Rezepte

Fleisch, Fisch und Innereien	Knochen und Milchprodukte	Gemüse	Obst	Öle und Sonstiges
Lamm	Ochsenschwanz	Mais	Bananen	Weizenkeimöl
Entenbrustfilet	Kalbsoberschenkel	Kartoffeln	Himbeeren	Maiskeimöl
Hühnerherzen	Putenhälse	Möhren	Heidelbeeren	Dorschöl
Hühnerhälse	Hühnerhälse	Zucchini	Datteln	Lachsöl
Hühnermägen	Hühnerbollen	Brokkoli	Feigen	Kokosöl
Blutwurst	Flache Rippe	Gurken	Äpfel	Olivenöl
Tatar	Kalbsrippchen	Fenchel	Pflaumen	Borretschöl
Rinderherz	Rinderkehlkopf	Salat	Erdbeeren	Nachtkerzenöl
Rinderleber	Sandknochen	Kresse	Brombeeren	Leinöl
Rindfleisch		Basilikum	Mango	Distelöl
Rindergulasch	Frischkäse	Möhrengrün	Orangen	Hanföl
Grüner Pansen	Buttermilch	Minze	Kirschen	Knoblauchöl
Pangasiusfilet	Hüttenkäse	Spinat	Aprikosen	
Lachs	Schafskäse	Mangold	Ananas	
	Ziegenkäse	Knoblauch	Honigmelone	
	Joghurt	Rote Bete	Pflaumen	
	Harzer Käse	Löwenzahn	Birnen	
Getreide		Petersilie	Kiwis	*Chlorella* und *Spirulina*
		Sellerie	Grapefruit	
Rübenmixflocken		Ingwer	Walnüsse	Kokosflocken
Nudeln		Kräutermix		Hagebuttenpulver
Reis		Rotkleesprossen		Propolis
Maisflocken		Bockshornklee-sprossen		Bierhefe
		Borretschblüten und -blätter		Eier
		Kohlrabiblätter		
		Frühkarottenbrei (Babygläschen)		

Zubereitung der Smoothies

Die Grundzubereitung der Smoothies ist sehr einfach und schnell durchzuführen. Die meisten ausgewählten Obst- und Gemüsezutaten werden grundsätzlich roh verwendet. Ausnahmen sind jedoch Kohlrabi, Brokkoli, Bohnen, Erbsen, Kartoffeln und Süßkartoffeln. Diese werden vorher gekocht beziehungsweise gedämpft und erst nach dem Abkühlen zur Smoothiezubereitung verwendet. Ansonsten werden Obst und Gemüse gründlich gewaschen und klein geschnitten.

Die so vorbereiteten Zutaten werden zusammen mit etwa 50 bis 150 ml Wasser (je nach Größe des Hundes) und etwas Öl in den Mixer gegeben.
Dort werden die Zutaten etwa 2 Minuten lang zu einem cremigen Smoothie püriert. Der Smoothie wird nun zu der jeweiligen BARF-Mahlzeit hinzugegeben.

Der Smoothie kann auch auf Vorrat zubereitet werden. Bei der Herstellung des Smoothies für mehrere Tage müssen sowohl die Obst- und Gemüsemenge als auch die Wassermenge dementsprechend erhöht werden. Dann wird genauso vorgegangen wie oben beschrieben. Die zubereitete Smoothiemenge kann dann im Kühlschrank bis zu vier Tage lang aufbewahrt werden.
Jeden Tag kann man seinem Hund auf diese Art eine gesunde Portion Obst- und Gemüse anbieten und mit unter das Futter mischen.

Im Folgenden finden Sie fünf Smoothie-Rezepte, die natürlich auch je nach Geschmack und Verfügbarkeit der Zutaten individuell verändert oder kombiniert werden können. Hier können Sie Ihrer Fantasie freien Lauf lassen.

Tipp

Der Smoothie kann bei Bedarf auch portionsweise in Gefrierbeuteln eingefroren werden.

Smoothie 1

Zutaten
1 Banane
1 Apfel
4 bis 5 Blätter Spinat mit Strunk
1/2 Mango
Wasser
Öl

Smoothie 2

Zutaten
100 g Mais aus der Dose
je 1 Handvoll Himbeeren und
Brombeeren
1/2 Apfel
8 bis 10 Blätter Lollo Rosso
1 walnussgroßes Stück Ingwer
1 kleine Knoblauchzehe
Wasser
Öl

Smoothie 3

Zutaten
1 Kiwi
1/2 Orange
1 Handvoll Basilikumblätter
ein wenig Möhrengrün
1 Apfel
1/2 Zucchini
Wasser
Öl

Smoothie 4

Zutaten
1 Apfel
1 kleines Büschel Kresse
je 10 bis 15 Heidelbeeren und
Brombeeren
1 walnussgroßes Stück Ingwer
8 bis 10 Blätter Minze
1/2 kleine Fenchelknolle
Wasser
Öl

Smoothie 5

Zutaten
10 bis 15 Erdbeeren
1 Handvoll Pflücksalat
und Möhrengrün
2 Pastinaken
4 Möhren
Wasser
Öl

Zubereitung

Die Pastinaken und Möhren werden vor dem Mixen gedünstet. Gedünstet wird nur mit ein wenig Wasser, damit die gesunden Nährstoffe nicht alle rausgespült werden. Die übrigbleibende Flüssigkeit wird bei Bedarf noch mit Wasser aufgefüllt und zusammen mit dem Gemüse und ein wenig Öl in den Mixer gegeben.

BARF-Rezepte

Im Folgenden stelle ich Ihnen 24 verschiedene Rezepte vor, mit denen Sie Abwechslung in den BARF-Alltag Ihres Hundes bringen können.

Die Mengenangaben bei den Rezepten beziehen sich jeweils auf das Körpergewicht des Hundes wie angegeben. Selbstverständlich können Sie jedes der Rezepte auf das Gewicht Ihres Hundes umrechnen beziehungsweise an seine Bedürfnisse anpassen.

Bei den meisten Rezepten gehört auch ein Smoothie mit zu den Zutaten. Wie der passende Smoothie zubereitet wird und welche Zutaten dafür benötigt werden, ist auch in dem jeweiligen Rezept aufgeführt.

Die berechneten Mengen der Rezepte decken jeweils den Tagesbedarf eines Hundes. Natürlich können Sie die Portionen auch auf zwei Mahlzeiten am Tag verteilen.

Welches leckere Rezept gibt es heute?

Lassen Sie sich inspirieren durch die abwechslungsreichen Rezepte. Vielleicht fallen Ihnen dann auch neue Kombinationen oder Kreationen ein. Sie werden sehen, da wird Ihr Hund zu einem Gourmet!

Norwegischer Lachs mit Kartoffel-Rübenmix-Brei und Himbeeren

Zutaten für einen Hund mit etwa 30 kg Körpergewicht
450 bis 500 g norwegischer Lachs
150 g Kartoffeln (etwa 2 bis 3 Stück, mittelgroß)
25 g (2 EL gehäuft) Rübenmixflocken getrocknet (bitte einweichen!)
25 g Himbeeren
100 bis 150 ml Smoothie

Zutaten für den Smoothie
1 Apfel
1 halbe Banane
1 Kiwi
etwa 150 ml Wasser

Zubereitung

Das Obst waschen, Banane und Kiwi schälen, klein schneiden und zusammen mit dem Wasser im Mixer pürieren.
Dadurch enthält man etwa 250 bis 300 ml Smoothie, sodass die Hälfte davon für den nächsten Tag verwendet werden kann.

Den norwegischen Lachs mit Haut in „maulgerechte" Stücke schneiden.
Kartoffeln schälen und kochen, bis sie sehr weich und fast breiig sind.

Rübenmixflocken sollten über Nacht eingeweicht werden, weil sie im feuchten Zustand noch nachquellen und dadurch ihr Volumen deutlich vergrößern.

Kartoffeln und eingeweichte Rübenmixflocken miteinander vermengen und kneten, bis die Masse einen homogenen Brei ergibt.

Viele Hunde mögen die Himbeeren wegen ihres süßen Geschmacks.
Deswegen füge ich sie der Mahlzeit einzeln hinzu und nicht integriert als Zutat des Smoothies.

> **Tipp**
>
> Bei Rezepten mit Lachs füge ich wegen der hohen Menge an natürlichen Omega-3- und Omega-6-Fettsäuren in dem Fisch keine zusätzlichen Öle hinzu.

Die Himbeeren werden nur mit einer Gabel zerquetscht und zusammen mit dem Kartoffelbrei in den Napf gefüllt.

Zum Schluss wird nur noch der geschnittenen Lachs mit dem Kartoffelbrei und den gequetschten Himbeeren vermischt.

Smoothie hinzugeben und bei Bedarf die Zutaten miteinander vermengen.

Zum Nachtisch

Ein Stück getrocknete Rinderkopfhaut.

Hähnchenherzen mit Heidelbeeren in Eigelb

Zutaten für einen Hund mit etwa 20 kg Körpergewicht
300 bis 400 g Hähnchenherzen
5 bis 8 Heidelbeeren
1 Eigelb
100 ml Smoothie
1 TL Kräutermischung

Zutaten für den Smoothie
1 Apfel
1 Birne
1 Handvoll Basilikum
80 ml Wasser
2 TL Weizenkeimöl

Zubereitung

Das Obst und das Gemüse waschen und klein schneiden.
Zusammen mit dem Wasser und dem Öl für etwa 2 Minuten in den Mixer geben
und miteinander verquirlen, bis es eine cremige Masse ergibt.

Die Hähnchenherzen und das Eigelb in den Napf füllen. Die Heidelbeeren haben
einen süßen Geschmack, den die meisten Hunde sehr gern mögen. Sie werden
als besonderer Geschmacksanreiz als Einzelzutat der Mahlzeit beigefügt. Dafür
werden sie nur mit einer Gabel zerquetscht.
Den Smoothie zu den anderen Zutaten geben und vor dem Servieren eine Kräutermischung darüber streuen.

Zum Nachtisch

2 bis 3 Lammohren mit Fell oder ein Kalbsrippchen mit etwa 100 bis 150 g.

Hühnerherzen und -bollen mit Datteln

Zutaten für einen Hund mit etwa 30 kg Körpergewicht
250 g Hühnerherzen
450 g Hühnerbollen (etwa 6 bis 8 Stück)
50 g Datteln (eingeweicht)
100 ml Smoothie

Zutaten für den Smoothie
1 Apfel
1 halbe Mango
1 Kiwi
50 g Datteln
frische Kresse
2 TL Kokosflocken
1 TL Hagebuttenpulver
3 TL Olivenöl
80 bis 100 ml Wasser

Zubereitung

Die Mango und die Kiwi schälen, den Apfel waschen und entkernen und alles klein schneiden.
Frische Kresse ebenfalls abwaschen und alle Zutaten zusammen mit den Datteln, den Kokosflocken, dem Hagebuttenpulver, dem Wasser und dem Olivenöl in den Mixer geben.
Nun wird der Fruchtmix für etwa 2 Minuten püriert.

Die Hühnerherzen in den Napf geben, mit dem Smoothie vermengen und servieren.

Drei bis vier Hühnerbollen gibt es gleich danach – pur und am Stück. Drei bis vier weitere Hühnerbollen gibt es nachmittags – ebenfalls pur und am Stück.

Tipp

Hagebutten enthalten sehr viel Vitamin C und stärken besonders in den kalten Wintermonaten das Immunsystem.

Gehacktes vom Lamm mit Reis und Ei

Zutaten für einen Hund mit etwa 40 kg Körpergewicht
700 bis 800 g Gehacktes vom Lamm
150 g weich gekochter Reis
2 Eigelbe
1 bis 2 TL Kräutermischung
4 TL Lachsöl

Zubereitung

Den Reis sehr weich kochen, abkühlen lassen und in den Napf füllen.
Das Gehackte vom Lamm hinzufügen.
Die zwei Eigelbe und das Lachsöl dazugeben und untermengen.
Zum Schluss die Kräutermischung darüber streuen.

Zum Nachtisch

Ein Rinderfellohr mit etwa 150 g. Es ist auch für die Zahnpflege sehr nützlich.

Hühnermägen mit Reis, Banane und Ei

Zutaten für einen Hund mit etwa 20 kg Körpergewicht
250 bis 300 g Hühnermägen
100 g gekochter Reis
1 Banane
1 Ei
1 TL Kräutermischung
2 TL Lachsöl

Zubereitung

Den Reis kochen, bis er sehr weich ist, dann abkühlen lassen.
Die Banane mit einer Gabel zerdrücken, bis sie richtig breiig ist.
Die Hühnermägen mit dem Reis, dem Bananenbrei, dem rohen Ei, dem Kräuter-
mix und dem Lachsöl in den Napf geben und bei Bedarf miteinander vermengen.

Zum Nachtisch

Ein bis zwei (etwa 100 g) getrocknete Lammrippchen.

Hühnerhälse mit Rinderherz und Leber

Zutaten für einen Hund mit etwa 30 kg Körpergewicht
300 bis 400 g Hühnerhälse
150 g Rinderherz und Leber gemischt
3 TL Distelöl

Zubereitung

Das Rinderherz und die Leber klein schneiden und in einen Napf geben.
Das Öl zugeben und untermengen.
Die Hühnerhälse können ebenfalls mit in dem Napf angeboten werden.

Allerdings empfehle ich bei Hunden, die sehr schlingen, dass die Hühnerhälse
vom restlichen Fleisch getrennt gereicht werden, damit sie ordentlich zerkaut
werden.

Makkaroni mit Datteln und rohem Ei

Zutaten für einen Hund mit etwa 20 kg Körpergewicht
250 bis 300 g Makkaroni
100 g eingeweichte Datteln
1 rohes Eigelb
2 bis 3 TL Kräutermischung
2 TL Leinöl

> **Tipp**
>
> 2 bis 3 TL Tomatenmark machen dieses Rezept zu einer Lieblingsmahlzeit!

Zubereitung

Die Makkaroni mindestens 15 Minuten lang weich kochen und in den Napf füllen.
Die Datteln werden mehrere Stunden vor der Zubereitung in Wasser eingeweicht. Anschließend in Stücke schneiden und mit den abgekühlten Makkaroni vermischen.

Zum Schluss ein rohes Eigelb, die Kräutermischung und das Leinöl hinzugeben und bei Bedarf vermischen.

Blutwurst mit Harzer Käse und Banane

Zutaten für einen Hund mit etwa 20 kg Körpergewicht
350 bis 400 g Blutwurst (zum Beispiel Guddi Wurst)
100 g Harzer Käse
1 kleine Banane
2 TL Bierhefe
100 ml Smoothie

Zutaten für den Smoothie
etwa 100 g Honigmelone
2 bis 3 Aprikosen (entkernt!)
2 Scheiben Ananas
2 Blätter grüner Salat
2 TL Borretschöl
100 bis 150 ml Wasser

Zubereitung

Die Aprikosen und den Salat waschen.
Die Früchte entkernen.
Die Ananas und die Honigmelone klein schneiden und zusammen mit den Aprikosen und dem Salat in den Mixer geben.

Das Borretschöl hinzufügen und in etwa 2 Minuten zu einem Smoothie pürieren. Diese Mischung ergibt etwa 200 bis 250 ml Smoothie.

Die verbleibende Hälfte kann im Kühlschrank aufbewahrt und am nächsten Tag mitverfüttert werden.

Den Harzer Käse in kleine Stücke schneiden. Die Banane zerdrücken und zusammen mit der Bierhefe und dem Smoothie vermengen.

Zum Schluss die Blutwurst in Würfel schneiden, zu dem Käse-Bananen-Smoothie-Brei geben und unterheben.

Tipp

Bierhefe unterstützt die Haarbildung und sollte besonders während des Fellwechsels gegeben werden.

Entenbrustfilet mit gekochtem Ei und Banane

Zutaten für einen Hund mit etwa 30 kg Körpergewicht

550 bis 650 g Entenbrustfilet mit Haut
1 gekochtes Ei
1 kleine Banane
1 TL Hagebuttenpulver
1 TL Kokosmehl
1 TL Bierhefe
50 bis 100 ml Smoothie

Zutaten für den Smoothie

1 Apfel
5 bis 6 Blätter Spinat
2 Blätter Mangold
100 ml Wasser
3 TL Distelöl

Zubereitung

Die Zutaten für den Smoothie waschen, zerschneiden und zusammen mit dem Öl und dem Wasser in dem Mixer zu einem dickflüssigen Smoothie verarbeiten.

Das Entenbrustfilet in kleine Stücke schneiden.
Die Banane und das Ei zerdrücken und zusammen mit der angegebenen Menge

Smoothie, dem Hagebuttenpulver, dem Kokosmehl und der Bierhefe vermengen. Der restliche Smoothie wird am Folgetag mit dem Futter vermischt.

Ist der Brei zu fest in der Konsistenz, fügen Sie einfach noch ein wenig Wasser hinzu, bis der Brei flüssiger ist.

Zum Schluss das Entenbrustfilet hinzugeben und unterheben.

Fleischlose Mahlzeit:
Möhren-Nudeln-Mix mit Joghurt

Zutaten für einen Hund mit etwa 10 kg Körpergewicht
100 g gelbe und orange Möhren
150 g gekochte Nudeln
50 ml Joghurt
100 ml Smoothie

Zutaten für den Smoothie
je 1 Handvoll Heidelbeeren und Kresse
5 bis 6 Blätter Spinat
1 TL Olivenöl
80 ml Wasser

Zubereitung

Die Heidelbeeren, die Kresse und den Spinat waschen.

Zusammen mit dem Öl und dem Wasser in den Mixer geben und zu einem grünen Smoothie verarbeiten.

Die Möhren in Scheiben schneiden und dünsten, bis sie sehr weich sind.

Die Nudeln ebenfalls sehr weich kochen und nach dem Kochen mit den Möhren vermengen.

Die Mischung in einen Napf füllen, den Joghurt dazugeben und zum Schluss den Smoothie darüber gießen.

Vor dem Servieren abkühlen lassen.

Fleischlose Mahlzeit: In Buttermilch eingeweichte Maisflocken mit Himbeeren

Zutaten für einen Hund mit etwa 10 kg Körpergewicht

20 bis 50 g Maisflocken
200 ml (Ziegen-)Buttermilch
4 bis 5 Himbeeren
100 ml Smoothie

Zutaten für den Smoothie

1 Apfel
1 kleines Stück Gurke (etwa 100 g)
1 Handvoll grüner Salat
1 TL Nachtkerzenöl
50 bis 80 ml Wasser

Tipp

Das Rezept kann durch 100 g grob geschnittenen Harzer Käse noch „bissfester" gemacht werden.

Zubereitung

Die aufgeführten Smoothiezutaten waschen und klein schneiden und zusammen mit dem Öl und dem Wasser im Mixer verquirlen. Ergibt etwa 100 ml Smoothie.

Die Maisflocken in die Buttermilch rühren und drei bis vier Stunden einweichen lassen.

Nun den Smoothie mit den in Buttermilch eingerührten Maisflocken in eine Schüssel füllen und bei Bedarf untermengen.

Zum Schluss ein paar Maisflocken im trockenen Zustand und die Himbeeren einfach über die Mahlzeit streuen. Werden die Himbeeren leicht angequetscht, tritt ein Teil des süßen Himbeersaftes aus und sie werden noch lieber gefressen.

Blutwurst mit Süßkartoffeln und Frischkäse

Zutaten für einen Hund mit etwa 10 kg Körpergewicht
100 g Blutwurst (zum Beispiel Guddi Wurst)
100 g Süßkartoffeln
50 g Ziegenfrischkäse (alternativ: Hüttenkäse oder Frischkäse vom Schaf)
80 ml Smoothie

Zutaten für den Smoothie
35 g Erdbeeren
8 bis 9 Blätter frische Pfefferminze
1 Glas Frühkarottenbabybrei (125 g)
1 TL Dorschöl
100 ml Wasser

Zubereitung

Die Süßkartoffeln weich kochen und abkühlen lassen. Zusammen mit dem Wasser und dem Dorschöl in den Mixer geben.

Die Erdbeeren werden wie die Pfefferminzblätter gründlich gewaschen und ebenfalls in den Mixer getan.

Zum Schluss kommt noch der Frühkarottenbrei hinzu und alles wird zu einem cremigen Smoothie verarbeitet.

100 ml des Smoothies kommen in den Napf, der restliche Smoothie kommt in den Kühlschrank für den nächsten Tag.

Die Blutwurst in kleine Würfel schneiden

Die Blutwurstwürfel zusammen mit dem Ziegenfrischkäse in den Napf füllen und mit dem Smoothie vermischen.

Rindfleisch mit rohem Ei

Zutaten für einen Hund mit etwa 20 kg Körpergewicht
400 bis 500 g Rindfleisch, gewolft
1 rohes Ei mit Schale
100 ml Smoothie

Zutaten für den Smoothie
70 g rote Bete
40 g Zucchini
40 g Fenchel
3 bis 4 Blätter Löwenzahn
2 bis 3 Petersilienblätter
2 TL Hanföl
80 ml Wasser

Zubereitung

Zucchini, Fenchel, Löwenzahn und Petersilienblätter waschen und klein schneiden und in den Mixer geben.

Die rote Bete, das Öl und das rohe Ei mit Schale (die Schale kurz über dem Mixer andrücken, sodass die Schale zerspringt) ebenfalls in den Mixer füllen.

Jetzt das Wasser hinzugeben und zu einem cremigen Smoothie verarbeiten. 100 ml des Smoothies kommen in den Napf, der restliche Smoothie kommt in den Kühlschrank für den nächsten Tag.

Das gewolfte Rindfleisch in den Napf füllen. Das Fleisch mit dem Smoothie vermengen und servieren.

Hühnermägen mit Walnuss

Zutaten für einen Hund mit etwa 20 kg Körpergewicht
450 g Hühnermägen
100 ml Smoothie

Zutaten für den Smoothie
50 g Walnüsse
100 g Kopfsalat
1 mittelgroßer Apfel
1 kleine Banane
60 g Zucchini
1 rohes Eigelb
2 TL Maiskeimöl
80 ml Wasser

Zubereitung

Den Kopfsalat, den Apfel und die Zucchini waschen, klein schneiden und in den Mixer geben.

Walnüsse, Banane, Öl, Eigelb und Wasser hinzufügen.

Alles zusammen für etwa 2 Minuten zu einem cremigen Smoothie pürieren.

Bleibt vom Smoothie etwas übrig, kommt der Rest in den Kühlschrank für den nächsten Tag.

Die Hühnermägen in den Napf füllen. Denn den Smoothie in den Napf zu den Hühnermägen geben und unterheben.

Tipp

Bei Bedarf kann die Eierschale mit in den Mixer gegeben werden.

53

Fleischlose Mahlzeit:
Buttermilch-Smoothie für Zwischendurch

Zutaten für einen Hund egal welcher Gewichtsklasse
100 bis 150 g Buttermilch
1 EL Ziegenfrischkäse oder alternativ Hüttenkäse
1 bis 2 mittelgroße Kartoffeln
150 ml Smoothie

Zutaten für den Smoothie
95 g Bleichsellerie
1/2 Grapefruit
1 walnussgroßes Stück Ingwer
3 bis 4 Blätter Löwenzahn oder wahlweise 2 bis 3 Blätter Spinat
2 TL Kokosöl
100 ml Wasser

> **Tipp**
>
> Gerade an wärmeren Tagen ist das eine erfrischende und gesunde Abwechslung für den Hund.

Zubereitung

Den Bleichsellerie, den Löwenzahn oder den Spinat waschen und klein schneiden. Die Grapefruit und den Ingwer schälen und schneiden.

Alle Zutaten zusammen mit dem Öl und dem Wasser in den Mixer geben und zu einem fruchtigen Smoothie verarbeiten.

Die Buttermilch zusammen mit dem Ziegenkäse oder dem Hüttenkäse in einem Napf verrühren.

Kartoffeln schälen und kochen, bis sie fast breiig sind. Nach dem Abkühlen zu einem Kartoffelbrei zerkneten.

Dann den Kartoffelbrei und den Smoothie in den Napf zu der Buttermilch und dem Ziegenkäse/Hüttenkäse geben und vermischen.
Fertig ist ein leckerer „Zwischendurchsnack" der besonderen Art.

Hinweis

Lässt man bei dieser fleischlosen Mahlzeit die Buttermilch und den Ziegenkäse oder den Hüttenkäse weg und erhöht den Kartoffelanteil, so hat man eine ausgezeichnete basenbildende und zudem fleischfreie Mahlzeit.

Rindergulasch mit Kohlrabiblättern und gekochten Eiern

Zutaten für einen Hund mit etwa 40 kg Körpergewicht
600 bis 800 g Rindergulasch
2 gekochte Eier
100 ml Smoothie

Zutaten für den Smoothie
2 bis 3 Kohlrabiblätter
1 Apfel
4 TL Olivenöl
100 ml Wasser

Zubereitung

Die Kohlrabiblätter und den Apfel gründlich waschen und klein schneiden.

Danach das Gemüse, Obst, Wasser zusammen mit dem Öl in den Mixer geben und pürieren.

Das Rindergulasch in den Napf füllen.

Die gekochten Eier mit einer Gabel zerdrücken und ebenfalls in den Napf füllen.

100 ml Smoothie in den Napf zu dem Rindergulasch und den Eiern geben und das Ganze vermengen.

Der restliche Smoothie kommt in den Kühlschrank und kann am nächsten Tag für die nächste Mahlzeit verwendet werden.

Zum Nachtisch
Ein knuspriges Rinderfellohr rundet die Mahlzeit ab.

Hühnerhälse mit Kartoffeln und Brokkoli

Zutaten für einen Hund mit etwa 40 kg Körpergewicht
400 bis 600 g Hühnerhälse, gewolft
150 g mehlige Kartoffeln
150 bis 180 ml Smoothie
90 g Himbeeren mit Blättern

Zutaten für den Smoothie
100 g Spinat
1 mittelgroßer Apfel
50 g gekochter Brokkoli
1 kleine Handvoll Rotkleesprossen
4 TL Maiskeimöl
150 ml Wasser

Zubereitung

Apfel und Spinatblätter waschen, klein schneiden und zusammen mit dem gekochten (siehe unten) und abgekühlten Brokkoli sowie den Sprossen, dem Öl und dem Wasser in den Mixer geben und zu einem cremigen Smoothie pürieren.

Bleibt vom Smoothie etwas übrig, kommt der Rest in den Kühlschrank für den nächsten Tag.

Die gewolften Hühnerhälse in den Napf füllen.

Tipp

Möchten Sie lieber Hühnerhälse am Stück verwenden, empfehle ich, die Zutaten nicht zu vermengen. Die Hühnerhälse werden einfach oben auf die Smoothie-Kartoffelbrei-Portion gelegt. So kann der Hund sich die Hühnerhälse zuerst herunternehmen und diese genüsslich zerbeißen.

Die Kartoffeln weich kochen.

In den letzten 8 Minuten der Kochzeit den Brokkoli für den Smoothie zusammen mit den Kartoffeln garen.

Die abgekühlten Kartoffeln zu einem Brei zerkneten und ebenso in den Napf füllen.

Zuletzt den Smoothie hinzugeben und mit den Hühnerhälsen und dem Kartoffelbrei vermischen.

Mit den gewaschenen Himbeeren garnieren.

Pangasiusfilet mit Pflaumen-Smoothie

Zutaten für einen Hund mit etwa 30 kg Körpergewicht
400 bis 500 g Pangasiusfilet
100 ml Smoothie

Zutaten für den Smoothie
2 Eierpflaumen (entkernt)
100 g Pflücksalat
5 bis 6 Gurkenscheiben
3 Erdbeeren
1 halbe Handvoll Bockshornkleesprossen
3 TL Knoblauchöl
80 ml Wasser

Zubereitung

Die Pflaumen waschen und unbedingt entkernen!

Den Pflücksalat, die Erdbeeren, die Sprossen und die Gurken ebenfalls gründlich waschen und zusammen mit dem Öl und dem Wasser in den Mixer geben und zu einem fruchtigen Smoothie pürieren.

Das Pangasiusfilet in maulgerechte Stücke schneiden und in den Napf füllen.

Den Smoothie in den Napf zu dem Fischfilet geben, untermengen und servieren.

Zum Nachtisch
Am Nachmittag gibt es einen knackigen Rinderkehlkopf zum knabbern.

Tatar mit frischen Feigen und Hüttenkäse

Zutaten für einen Hund mit etwa 40 kg Körpergewicht
700 bis 800 g Tatar
200 g Hüttenkäse
1 bis 2 frische Feigen
1 1/2 EL Leinöl

Zubereitung

Tatar mit dem Hüttenkäse und dem Öl in den Napf geben.

Die Feigen zerschneiden und dann damit vermengen.

Wahlweise können sie auch zusammen mit einem Apfel und etwas Wasser in einem Mixer zerkleinert und so mit den anderen Zutaten vermischt werden.

Tipp

Alternativ kann statt Hüttenkäse auch Frischkäse verwendet werden.

Zum Nachtisch

Hier passt hervorragend 150 g flache Rippe vom Rind oder ein Sandknochen.

Grüner Pansen mit Kalbsrippchen

Zutaten für einen Hund mit etwa 30 kg Körpergewicht
400 bis 500 g grüner Pansen, gewolft
100 bis 150 g Kalbsrippchen

> ## Tipp
>
> Ein rohes Eigelb über den grünen Pansen gegeben macht diese Mahlzeit zu einem besonderen Leckerbissen.

Zubereitung

Dieses Rezept kann man wohl zu den Fastfood-Gerichten zählen.

Hier wird nur der gewolfte grüne Pansen – falls erforderlich – aufgetaut und komplett ohne weitere Zutaten in den Napf gefüllt.

Zum Nachtisch

Als Nachtisch gibt es obendrauf ein oder zwei leckere Kalbsrippchen.

Grüner Pansen mit Kartoffel-Frühmöhrchen-Brei

Zutaten für einen Hund mit etwa 30 kg Körpergewicht
350 bis 450 g grüner Pansen, gewolft
2 mittelgroße Kartoffeln
125 g Frühmöhrchen-Brei
1 Ei
3 TL Weizenkeimöl

Zubereitung

Den grünen gewolften Pansen in einen Napf füllen.
Die Kartoffeln möglichst weich kochen und zusammen mit dem Frühmöhrchen-Brei und dem Öl vermengen und unter den Pansen mischen.

Zum Schluss noch ein rohes Ei hinzugeben.

Zum Nachtisch

100 bis 150 g flache Rippe vom Rind oder ein Stück frischen Ochsenschwanz.

Hühner- und Rinderleber mit Brombeer-Smoothie

Zutaten für einen Hund mit etwa 10 kg Körpergewicht
100 bis 150 g Hühner- und Rinderleber gemischt
100 ml Smoothie

Zutaten für den Smoothie
1 Apfel
15 Brombeeren und Brombeerblätter
1 kleine Handvoll Pflücksalat
1 kleine Handvoll Minze-Blätter
ein paar Borretschblüten und Blätter
1 TL Kokosöl
80 ml Wasser

Zubereitung

Alle Smoothie-Zutaten gründlich waschen und – wenn nötig – klein schneiden. Danach zusammen in den Mixer geben.

Hinzu kommen das Wasser und das Öl.

Für etwa 2 Minuten wird das Gemüse-Obst-Gemisch im Mixer zu einem fruchtigen Smoothie verarbeitet.

Die Hühner- und Rinderleber in maulgerechte Stücke schneiden und in den Napf füllen.

Den fertigen Smoothie in den Napf zur gemischten Leber geben und untermengen.

Sollte der Hund die rohe Leber nicht mögen, ist es ratsam, diese in Olivenöl kurz anzubraten. Viele Hunde lieben die so zubereitete Leber und können nicht widerstehen.

Tipp

100 g klein geschnittener Gouda machen dieses Rezept zu einer wahren Gourmet-Mahlzeit!

Thunfisch mit Leber und Rührei-Kalbsleberwurst-Hüttenkäse-Mousse

Zutaten für einen Hund mit etwa 10 kg Körpergewicht
130 g Thunfisch aus der Dose
100 g Rinderleber
1 EL Kalbsleberwurst
1 EL Hüttenkäse
2 rohe Eier
1 halbe Banane

Zubereitung

Die Kalbsleberwurst zusammen mit dem Hüttenkäse in eine Schüssel geben und mit ein wenig Wasser (20 bis 30 ml) vermischen.

Die rohen Eier aufschlagen und zu der Leberwurst und dem Hüttenkäse in die Schüssel geben und alles miteinander verquirlen.

Danach diese Mischung in eine Pfanne gießen und wie ein Rührei unter Rühren anbraten, bis es eine feste Masse ergibt.

Die Leber nur kurz (2 bis 3 Minuten) in der Pfanne anbraten, sodass sie von beiden Seiten schön braun ist.

Dann herausnehmen und nach dem Abkühlen in kleine Stücke schneiden und in einen Napf füllen.

Den Thunfisch unter kaltem Wasser gründlich abspülen und zu der klein geschnittenen, gebratenen Leber in den Napf geben.

Eine halbe Banane zerdrücken und zusammen mit der Rührei-Kalbsleberwurst-Hüttenkäse-Mousse – nachdem sie abgekühlt ist – zu dem Thunfisch und der Leber geben und bei Bedarf vermischen.

Straußenfleisch mit Mais

Zutaten für einen Hund mit etwa 20 kg Körpergewicht
250 bis 300 g Straußenfleisch
100 ml Smoothie

Zutaten für den Smoothie
200 g Maiskörner
80 g Zucchini
80 g Ananas
125 ml Wasser
2 TL Olivenöl

Zubereitung

Die Maiskörner und die Zucchini gründlich waschen.
Ananas schälen und ebenso wie die Zucchini klein schneiden, danach Gemüse, Obst und Wasser zusammen mit dem Öl in den Mixer geben und pürieren.

Das Straußenfleisch in den Napf füllen. 100 ml des Smoothies in den Napf zu dem Straußenfleisch geben und das Ganze vermengen.

Der restliche Smoothie kommt in den Kühlschrank für den nächsten Tag.

Tipp

Wahlweise kann der Mahlzeit noch ein gekochtes Ei oder Hüttenkäse (etwa 2 EL) hinzugefügt werden.

Zahnpflege durch Knochenfütterung

Die Zahnpflege liegt mir sehr am Herzen. Meine bisherigen Hunde hatten allesamt saubere und gesunde Zähne. Auch meine jetzige Hündin, die nun vier Jahre alt ist, hat weder abstoßenden Maulgeruch noch dunkle Ablagerungen oder hässlichen Zahnstein oder Zahnbelag.
Ich kenne im Gegensatz dazu aber viele Hunde, die mit industriell hergestelltem Fertigfutter gefüttert werden, und bin immer wieder erschrocken, wie die Zähne dieser Hunde teilweise aussehen, von der bakterieller Besiedlung einmal ganz abgesehen. Der Unterschied zu den Zähnen gesund ernährter Hunde ist eklatant!

Ich füttere mehrmals in der Woche Knochen und Knorpel. Verwendung finden frisch und getrocknet: Putenhälse, Ochsenschwanz, Kalbsoberschenkel, Hühnerhälse und Karkassen, Kehlkopf, Schlund, Kalbsrippchen sowie flache Rippe vom Rind.

Rohe Knochen sind nicht nur wegen ihrer Inhaltsstoffe (Kalzium, Mineralien, Antioxidantien, Enzyme) ein gesunder Bestandteil einer BARF-Mahlzeit, sondern sie steigern auch das Wohlbefinden des Hundes.
An einem Knochen herumzukauen, stärkt nicht nur die Kaumuskulatur, sondern macht den Hund rundum glücklich, weil er seine Ur-Instinkte ausleben kann. An einem Knochen zu nagen, zu reißen und ihn letztendlich zu vertilgen ist und bleibt ein Hochgenuss und löst größte Zufriedenheit im Leben eines Hundes aus.

Anfangs habe ich auch noch Markknochen verfüttert. Leider musste ich feststellen, dass sie ungewöhnlich hart sind. Sofie hat sich dabei die Spitze eines Schneidezahns abgebrochen. Aufgrund dessen habe ich davon Abstand genommen, solche Knochen weiter zu verfüttern. Die Markknochen sind wegen ihres

Das Zernagen von Knochen sorgt bei Hunden für größte Zufriedenheit.

Lochs in der Mitte außerdem nicht ganz ungefährlich. Sie können sich, je nach Größe, beim Nagen über den Unterkiefer stülpen und dort sehr unangenehme Schmerzen verursachen. Oft reagiert der Hund dann mit Panik. Und schlimmsten-falls muss er zum Tierarzt, damit dieser unter Vollnarkose den Markknochen vom Unterkiefer entfernen kann.

Nicht jeder behält die nötige Gelassenheit, wenn es um Knochenfütterung geht. Auch ich war anfänglich sehr ängstlich, weil ich dachte, dass mein Hund sich an einem Knochen verschlucken oder gar ein Knochen im Hals quer stecken bleiben könnte.
Das geschah aber nicht. Bevor ich mich jedoch traute, Knochen zu geben, habe ich mich gut informiert. Beachtet man ein paar wenige Dinge, so ist die Knochen-fütterung leicht durchzuführen.
Wichtig ist vor allem, dass der Knochen immer in Verbindung mit Fleisch gege-ben wird. Denn der Schlüsselreiz für die Bildung von Magensäure ist Fleisch!
Bevor der Hund einen Knochen zum Fressen bekommt, sollte ihm daher zunächst pures Fleisch gegeben werden. Ist das Fleisch vertilgt, kommt es zur vermehrten Bildung von Magensäure. Nun kann bedenkenlos der Knochen angeboten wer-den, mit der Gewissheit, dass dieser problemlos verdaut werden kann.
Jungen Hunden sollte man, wenn sie die Knochen noch nicht gewöhnt sind, immer erstmal große Knochen zum Fressen geben wie zum Beispiel Kalbsröhren-knochen oder große Sandknochenstücke. Diese sind von der Größe so dimen-sioniert, dass es unmöglich ist, sie in einem runterzuschlucken. Außerdem kann man so erstmal herausfinden, ob der Hund sehr gierig ist oder mit Bedacht an einem Knochen kaut.

Welpen bietet man anfangs erst mal sehr große Knochen an.

Ein Kalbsröhrenknochen bietet einem 30 bis 35 Kilogramm schweren Hund Kauspaß für mindestens zwei bis drei Tage. Man kann einen solchen Kno-chen über drei Tage verteilt anbieten. Die Knochennagerei begrenze ich zeitlich, damit der Hund nicht zu viel auf einmal davon aufnimmt und es nicht zur Verstopfung kommt.
Allerdings wird der Kot nach dem Verzehr der Knochen hart – der so-genannte Knochenkot. Dieser ist aber ausdrücklich erwünscht und vorteilhaft, wenn es um die Leerung der Analdrüsen geht. Es gibt einige Hunde, die große Probleme mit ihren Analdrüsen haben. Füttert man nur weiches Futter, ist auch der Kot viel

zu weich, sodass sich die Analdrüsen bei dem Stuhlgang nicht leeren können. Entzündungen am After und stechender „Fischgeruch" des Hundes sind die Folge.

Auch meine Hunde hatten teilweise Probleme damit. Diese hörten mit Beginn der Knochenfütterung schlagartig auf. Nach den Knochentagen hat Sofie oft einen fast weißlichen und harten Stuhlgang. Dieser manchmal „schwierige" Stuhlgang ist aber nicht weiter schlimm. Wichtig ist, dass sie nach den Tagen der Knochenfütterung Stuhlgang hat, sodass sich die Analdrüsen nicht mehr entzünden können.

Es ist übrigens ratsam, am Tag nach der Knochenfütterung Blättermagen oder Pansen zu verfüttern. Beide sind leicht verdaulich und unterstützen so den gesamten Verdauungsvorgang positiv.

Kauspaß pur!

Anfangs sollten Sie den Hund für höchstens 10 Minuten am Knochen nagen lassen. Allmählich kann dann die Zeit des Knabberns gesteigert werden, sodass der Hund bis zu einer halben Stunde Kauspaß hat. Dann ist meistens der größte Teil des Knorpelkopfes abgenagt.

Die anderen Knochenarten verfüttere ich immer in einer Portion. Allerdings sollten Sie darauf achten, den Hund niemals allein zu lassen, wenn er am Knochen frisst, falls sich doch mal ein Knochenstück zum Beispiel am Gaumen zwischen den Zähnen verhakt. Ist der Hund unter Beobachtung, kann man im Falle eines Falles schnell eingreifen und dem Hund hilfreich zur Seite stehen, indem man das Knochenstück entfernt.

Tipp

Hin und wieder kann ein zusätzliches Putzen mit Natronlauge durchgeführt werden. Ein wenig Natronpulver wird dafür in Wasser aufgelöst. Mit einem Mikrofasertuch kann man die entstandene Lauge auf den Zähnen verteilen und gründlich sauber reiben. Nicht jeder Hund wird sich das gefallen lassen, aber auch hier sollte nach einer Gewöhnungsphase ein Zähneputzen möglich sein.

Getrocknete Rinderkopfhautstücke sind für die Zahnpflege auch gut geeignet.

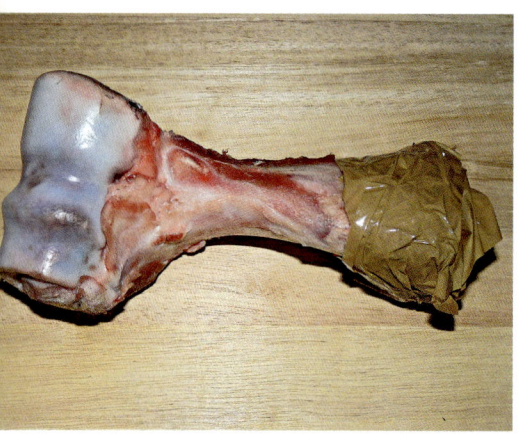

Der abgenagte Teil des Knochens sollte vorsichtshalber abgeklebt werden, da er zum Splittern neigt.

Zur weiteren Zahnpflege empfehle ich folgende Kauartikel:

- Getrocknete Rinderohren mit Fell: Sie haben einen unglaublichen Zahnreinigungseffekt und putzen im weiteren Verlauf auch den Darm ordentlich durch.
- Getrocknete Rinderkopfhaut-Stücke: Diese haben auch den Vorteil, dass sie nicht so intensiv riechen wie zum Beispiel Ochsenziemer.
- Torgawurzel: Hierbei handelt es sich um eine sehr harte Wurzel, die von Hunden gern als Kauspielzeug genutzt wird, aber nicht zum Verzehr gedacht ist.

Der Röhrenknochen des Kalbsoberschenkels neigt zum Splittern. Deswegen klebe ich den abgenagten Teil des Knochens kurzerhand mit einem Klebeband ab. Zur weiteren Lagerung wickle ich ein altes Handtuch um den restlichen Knochen und lege ihn bis zum nächsten Tag in den kühlen Keller.

Am nächsten Tag bekommt Sofie den Knochen abermals. Er riecht dann zwar ein wenig strenger als am Vortag, aber für Sofie ist er immer noch ein Hochgenuss. Falls noch etwas vom Knorpel übrig bleibt, bekommt sie ihn am dritten Tag nochmals vorgesetzt. Ist nur noch die Röhre übrig, landet der Rest im Müll.

Wurmprophylaxe – aber natürlich!

Ein brisantes Thema ist nach wie vor die Wurmbekämpfung sowie eine mögliche Prophylaxe. Immer wieder lese ich die Empfehlung, dass alle vier Wochen (!) oder zumindest vierteljährlich mithilfe einer chemischen Wurmkur eine Entwurmung durchgeführt werden sollte. Über das Jahr gesehen wären es sage und schreibe bis zu zwölf chemische Keulen fürs Immunsystem mit enormer Belastung für die Darmflora und die Leber!

Ich finde das sehr bedenklich und möchte einmal mehr auf einen verantwortungsvolleren Umgang hinweisen und zum Umdenken anregen.

Einen Hund hundertprozentig wurmfrei zu bekommen, ist Wunschdenken und faktisch gesehen unmöglich. Ein geringer Wurmbefall ist völlig normal und verursacht keine Krankheitssymptome. Das Immunsystem wird eher positiv stimuliert und gewinnt an Komplexität, als dass der parasitäre Befall Schaden anrichten würde!

Mit einer regelmäßigen Entwurmung ohne vorherige Kotuntersuchung wird lediglich die Resistenzenentwicklung der Würmer gegen gängige Wurmpräparate und eine Schwächung des Immunsystems des Hundes gefördert, da alle chemisch verabreichten Mittel lebertoxisch sind.

Wenn man bedenkt, dass seit vielen Millionen Jahren die Vorfahren unseres Haushundes unseren Erdball bewohnt haben, dann muss ich mich ernsthaft fragen, wie sie das ohne die regelmäßige Gabe der industriell angefertigten Wurmpräparate überlebt haben!? Vielleicht sollte man wieder einen Weg „Back to the roots" einschlagen und die Kompetenz der Natur nicht immer infrage stellen!

Die regelmäßige Kontrolle durch Abgabe und Untersuchung einer Kotprobe in einer tiermedizinischen Parasitologie scheint mir sinnvoller, als blind und ohne Sinn und Verstand zu entwurmen.

Nach einer Kotprobe kann der Wurmbefall nicht nur bestimmt, sondern auch die Wurmmenge pro Gramm Kot ermittelt und spezifiziert werden. Ist der Wurmbefall grenzwertig oder gar zu hoch, kann gezielt eingegriffen werden.

Ihr Wohlbefinden sieht man den Hunden an. Lotta und Babsy strotzen vor Energie.

In der freien Natur ist es so, dass die „Wirtstiere" instinktsicher ihre Kenntnisse und Erfahrungen eingesetzt haben, das heißt jahreszeitlich abhängig Kräuter, Gräser und Pflanzen gefressen haben, um eine unkontrollierte Ausbreitung von Parasiten zu verhindern. Hier kann zwar nicht von einer Symbiose gesprochen werden, aber dennoch bestand ein natürliches Gleichgewicht.

Ein dauerhaft unfreundliches und für Würmer unattraktives Milieu in der Darmflora wird erreicht, indem ich regelmäßig Futtermittel verwende, die dieses wurmwidrige Milieu fördern und unterstützen. Dies kann zum Beispiel erfolgen durch die Gabe von:

■ Ananas	■ Papaya	■ Kokosflocken
■ Kokosfett	■ Möhren	■ Kürbiskernöl
■ Kürbiskernen	■ Saft der Portulak	■ Schwarzkümmel
■ Thymian	■ Fenchel	■ Ingwer
■ Wermutkrautblüten	■ Propolis	■ Knoblauch
■ Kamalapulver	■ roten Rüben	■ Sauerkraut

Schon gewusst?

Als homöopathisches Wurmmittel kann man Abrotanum D3, Cina C200 und Calcium Carbonicum einsetzen. Mit einer täglichen Gabe über drei bis vier Wochen hinweg entsteht ein wurmwidriges Milieu, ohne die Darmflora dabei zu zerstören.

Sofies Bruder Eno hat glänzende, wache Augen und ein seidiges Fell – dank der ganzheitlichen und verantwortungsvollen Pflege.

Ich gebe die oben aufgeführten Futtermittel immer im Wechsel und habe damit sehr gute Erfahrung gemacht. Alle drei bis vier Monate schicke ich eine über drei Tage gesammelte Kotprobe meines Hundes zur Untersuchung ab. Von den bisherigen Befunden war erst einer positiv, sodass ich gezielt eingreifen konnte. Alle anderen Befunde waren negativ und bestärken mich in meinem Handeln. Eingangs habe ich die Kotproben sogar an zwei verschiedene Institute gesandt, um eine höhere Sicherheit zu haben. Mittlerweile lasse ich nur noch in einem Labor untersuchen, da ich die Gewissheit habe, korrekte Ergebnisse zu erhalten. Dieses Vorgehen spart nicht nur Kosten, sondern trägt zur Gesundheit und Lebensqualität meines Hundes bei.

Anhang

Über die Autorin

Raphaela Koller, Jahrgang 1969, ist mit Hunden in der Familie aufgewachsen und verspürte immer schon eine besondere Leidenschaft zu ihnen.

Seit sie denken kann, hatte sie immer einen vierbeinigen Begleiter an ihrer Seite. Im Oktober 2008 trat die acht Wochen alte Rhodesian-Ridgeback-Hündin Ndoki Cheerio Miss „Sofie" in ihr Leben und begleitet Raphaela Koller seitdem jeden Tag auf Schritt und Tritt.

Seit 2009 führt Raphaela Koller eine VDH/FCI-Zuchtstätte für Rhodesian Ridgeback unter dem Kennel-Namen „Drumbucks".

Voller Überzeugung und Leidenschaft ernährt sie seit vielen Jahren ihre Hunde – auch schon, bevor Sofie zur Familie gehörte – und ihre Nachzucht nach dem BARF-Konzept.

Ihre Rezeptideen sprachen sich schnell im Freundes- und Bekanntenkreis herum und sie wurde zur geschätzten Ansprechpartnerin rund um die BARF-Ernährung. Da sie in der Hundeliteratur selbst lange auf der Suche war und kein passendes Rezeptbuch zur Erweiterung des Speiseplans ihrer Vierbeiner gefunden hat, schrieb sie selbst ein Buch, um diese Lücke zufüllen.

Literaturverzeichnis

Bairacli-Levy, Juliette: **Das Kräuterhandbuch für Hunde und Katzen.** Verlag Drei Hunde Nacht, Wadern, 2009.
Boutenko, Victoria: **Grüne Smoothies.** Hans-Nietsch-Verlag, Emmendingen, 2010.
Peichel, Monika: **Hunde impfen mit Verstand.** Norbert Höpfinger Verlag, Konstanz, 2009.
Reinerth, Susanne: **Natural Dogfoods.** Books on Demand, Norderstedt, 2005.
Meyer, Helmut und Zentek, Jürgen: **Ernährung des Hundes.** Enke Verlag, Stuttgart, 2010.
Simon, Swanie: **BARF.** Verlag Drei Hunde Nacht, Wadern, 2008.

Weiterführende Links

www.drumbucks.de – Zuchtstätte der Autorin Raphaela Koller
www.wolfsmenue.de – Frischfutter für Hund und Katz
www.hund-natur.de – Tierisch gut beraten in Recklinghausen
www.pahema.de – der tierische Bioladen
www.cibuscanis.de – Christine Hechtl Ernährungsberatung für Hunde
www.barfers.de – Drei Hunde Nacht Swanie Simon
www.der-gruene-hund.de – Einkaufen rund ums Barfen
www.ganzheitliche-haustiergesundheit.de – Nadine Gelhaus
www.guddi-wurst.de – Die gesunde Wurst, die Vitalität verleiht